Über den Süßstoff

DULCIN

seine Darstellung und Eigenschaften

von

Dr Ludwig Hess

Zweite, erweiterte Auflage

Springer-Verlag Berlin Heidelberg GmbH
1921

ISBN 978-3-642-98577-5   ISBN 978-3-642-99392-3 (eBook)
DOI 10.1007/978-3-642-99392-3
Softcover reprint of the harcover 2nd edition 1921

Vorwort

Die von mir im November 1916 verfaßte kleine Schrift über Dulcin ist vergriffen; ich unterbreite seinen zahlreichen Interessenten hiermit eine wesentlich erweiterte Zusammenstellung der gesamten Literatur über diesen Süßstoff, der in steigendem Maße Beachtung im In- und Auslande findet.

Berlin-Britz, im April 1921
Riedelstraße 1/32

Dr Ludwig Hess
Fabrikdirektor der J. D. Riedel A.-G.

Inhalt

Wiedereinführung des Dulcins . . . . Seite	5
Darstellung des Dulcins . . . . „	5
Eigenschaften des Dulcins. . . . . „	11
Pharmakologische Prüfung des Dulcins . . . . „	24
Nachweis des Dulcins . . . . „	39
Anwendung des Dulcins . . . . „	42

Der Mangel an Zucker veranlaßte den Bundesrat, durch Verordnung vom 30. März 1916 den Reichskanzler zu ermächtigen, Ausnahmen von den Vorschriften des Süßstoffgesetzes vom 6. Juli 1898 und 7. Juli 1902 zuzulassen. Daraufhin ist am 25. April 1916 die Verwendung des Saccharins unter gewissen Voraussetzungen durch Verfügung des Reichskanzlers freigegeben worden.

Im August 1917 wurde sodann der J. D. Riedel Aktiengesellschaft durch den Reichskanzler die Genehmigung erteilt, als Ergänzung bzw. Ersatz des Saccharins die Herstellung des von ihr bereits in den Jahren 1893 bis 1898 (dem Jahre des Erlasses des gesetzlichen Verbotes der Herstellung von künstlichen Süßstoffen) in den Handel gebrachten Süßstoffes

Dulcin

wieder aufzunehmen.

Im nachstehenden sei ein Überblick über die Darstellungsweise und die Eigenschaften des Dulcins gegeben:

Darstellung des Dulcins.

Dulcin ist der gesetzlich geschützte Name für das p-Phenetolcarbamid von der Formel $C_6H_4\genfrac{<}{>}{0pt}{}{OC_2H_5}{NH-CO-NH_2}$ (1,4). Es wurde zuerst im Jahre 1883 von dem Chemiker Berlinerblau[1]) durch Behandeln von salzsaurem p-Phenetidin mit Kaliumcyanat erhalten. Hierbei bildet sich durch doppelte Umsetzung das cyansaure Salz des p-Phenetidins, das sich fast augenblicklich in p-Phenetolcarbamid umlagert:

$$C_6H_4\genfrac{<}{>}{0pt}{}{OC_2H_5}{NH_2\cdot HCl} + KCNO = C_6H_4\genfrac{<}{>}{0pt}{}{OC_2H_5}{NH_2\cdot HCNO} + KCl = C_6H_4\genfrac{<}{>}{0pt}{}{OC_2H_5}{NH-CO-NH_2}$$

Berlinerblau berichtet in seiner diesbezüglichen Mitteilung, daß der Körper einen sehr süßen Geschmack besitzt. Die praktische Verwertbarkeit des Verfahrens scheiterte aber, wie der Autor später erwähnt, an den hohen Kosten des Kaliumcyanates und seiner schwierigen Handhabung.

---

[1]) Journ. f. prakt. Chem. (2) 30. 103. (1884)

Nun stellte Berlinerblau[1]) das p-Phenetolcarbamid in der Weise her, daß er 1 Mol. Phosgen mit 2 Mol. p-Phenetidin kondensierte und das erhaltene Kondensationsprodukt mit Ammoniak behandelte. Die Reaktion verläuft hierbei folgendermaßen:

I. $2\,C_6H_4{<}{{OC_2H_5}\atop{NH_2}} + COCl_2 = C_6H_4{<}{{OC_2H_5}\atop{NHCOCl}} + C_6H_4{<}{{OC_2H_5}\atop{NH_2 \cdot HCl}}$

II. $C_6H_4{<}{{OC_2H_5}\atop{NHCOCl}} + 2\,NH_3 = C_6H_4{<}{{OC_2H_5}\atop{NH-CO-NH_2}} + NH_4Cl$

Es entsteht, wie aus dem Formelbilde ersichtlich, ein chlorhaltiges Zwischenprodukt, das sich jedoch mit Ammoniak leicht in den gewünschten Körper umwandeln läßt.

Gleichzeitig mit Berlinerblau beschäftigte sich Thoms[2]) mit der Synthese von p-Phenetolcarbamid aus Phosgen und p-Phenetidin. Da er aber andere molekulare Verhältnisse, nämlich auf 1 Mol. Phosgen 4 Mol. p-Phenetidin anwendete, kam er zu dem symmetrischen Di-p-Phenetolcarbamid.

$4\,C_6H_4{<}{{OC_2H_5}\atop{NH_2}} + COCl_2 = 2\,CO{<}{{NH \cdot C_6H_4 \cdot OC_2H_5}\atop{NH \cdot C_6H_4 \cdot OC_2H_5}} + 2\,C_6H_4{<}{{OC_2H_5}\atop{NH_2 \cdot HCl}}$

Diesen Körper konnte er durch weiteres Überleiten von Phosgen und Behandeln des Reaktionsproduktes mit Ammoniak in die Monoverbindung, das Dulcin, überführen.

$CO{<}{{NH-C_6H_4-OC_2H_5}\atop{NH-C_6H_4-OC_2H_5}} + COCl_2 = 2\,C_6H_4{<}{{OC_2H_5}\atop{NHCOCl}}$ [3])

Läßt man auf 1 Mol. p-Phenetidin 1 Mol. Phosgen[4]) einwirken, so gestaltet sich der Verlauf der Reaktion hinsichtlich der Zwischenprodukte derart, daß sich zunächst p-Aethoxyphenylisocyanat bildet, das mit Ammoniak p-Phenetolcarbamid gibt:

I. $C_6H_4{<}{{OC_2H_5}\atop{NH_2}} + COCl_2 = C_6H_4{<}{{OC_2H_5}\atop{NCO}} + 2\,HCl$

II. $C_6H_4{<}{{OC_2H_5}\atop{NCO}} + NH_3 = C_6H_4{<}{{OC_2H_5}\atop{NH-CO-NH_2}}$

Doch vermochten auch diese Verfahren auf die Dauer keine vorteilhafte Darstellung zu gewährleisten, bis es Thoms gemeinsam mit der Firma J. D. Riedel[5]) gelang, eine technisch brauchbare Darstellungsmethode von Dulcin zu finden.

A. Fleischer[6]) hat zuerst gezeigt, daß sich monosubstituierte aromatische Harnstoffe aus dem gewöhnlichen Harnstoff erhalten lassen, indem man diesen mit aromatischen Monaminen erhitzt.

---

[1]) D. R. P. Nr. 63 485 der J. D. Riedel A.-G. übertragen.
[2]) Ber. Dtsch. Pharm. Ges. III 133 (1893).
[3]) Pharm. C. H. 12 165 (1892).
[4]) J. D. Riedel D. R. P. Nr. 73 698.
[5]) Ber. Dtsch. Pharm. Ges. III 133 (1893); vergl. auch J. D. Riedel D. R. P. 76 596.
[6]) Ber. Dtsch. Chem. Ges. 9 995 (1876).

Nach Baeyer[1]) läßt sich symmetrischer Diphenylharnstoff leicht darstellen, wenn man auf 1 Mol. Harnstoff 2 Mol. Anilin verwendet.

Es war nun zu erwarten, daß beim Erhitzen von Harnstoff und p-Phenetidin beide Körper in analoger Weise reagieren würden, so daß sich also je nach den zur Darstellung benutzten Mengen entweder Mono- oder Di-p-Phenetolharnstoff bilden würde. Diese Annahme hat sich wohl im allgemeinen als richtig erwiesen. Es traten jedoch insofern der praktischen Verwendung Schwierigkeiten entgegen, als die Ausbeuten an p-Phenetolcarbamid unzulänglich waren. Verwendet man an Stelle des freien Phenetidin sein salzsaures Salz und erhitzt dieses mit Harnstoff auf 150°, so vermeidet man einerseits die lästige Ammoniakentwicklung und erhält andererseits eine günstigere Ausbeute. Als Nebenprodukt erhält man Ammoniumchlorid:

$$C_6H_4\begin{pmatrix}OC_2H_5\\NH_2\cdot HCl\end{pmatrix} + CO\begin{pmatrix}NH_2\\NH_2\end{pmatrix} = C_6H_4\begin{pmatrix}OC_2H_5\\NH-CO-NH_2\end{pmatrix} + NH_4Cl.$$

Auch beim Kochen wässriger Lösungen des salzsauren p-Phenitidins mit Harnstoff findet die Bildung von p-Phenetolcarbamid nach vorstehender Gleichung statt. Spiegel und Sabbath[2]) teilen hierüber mit, daß hierbei mono- und disubstituierte Harnstoffe nebeneinander entstehen.

Aber alle diese Reaktionen verlaufen demnach nicht glatt. Selbst bei Verwendung eines wesentlichen Überschusses von Harnstoff gegenüber p-Phenetidin bzw. salzsaurem p-Phenetidin läßt sich die Bildung des Di-Substitutionsproduktes nicht verhindern.

Der Verfasser erhielt beispielsweise beim Erhitzen von wässrigen salzsauren Lösungen auf eine 110° nicht übersteigende Temperatur folgende Resultate:

Phenetidin	Harnstoff	Salzsäure von 22° Bé	Wasser	Zeit der Erhitzung	Ausbeute an Monoverbindg.	Ausbeute an Diverbindg.
A 137 g	120 g	150 g	750 g	6 Std.	115 g	51 g
B 137 g	120 g	300 g	750 g	6 Std.	98 g	56 g
C 137 g	120 g	150 g	400 g	6 Std.	125 g	45 g
D 137 g	120 g	300 g	400 g	8 Std.	110 g	63 g
E 137 g	120 g	150 g	400 g	4 Std.	117 g	40 g
F 137 g	60 g + Mutterlauge v. E.	150 g	1500 g	6 Std.	110 g	56 g

Die theoretische Ausbeute wäre 180 g Dulcin, während tatsächlich nur etwa $2/3$ des gesamten Reaktionsproduktes aus Dulcin bestehen.

Da sich das Mitentstehen des Di-p-Phenetolcarbamids nicht vermeiden ließ, und auch die bereits erörterte Überführung des letzteren durch Kohlenoxychlorid und Ammoniak in die Monoverbindung immerhin umständlich war, suchten Thoms und Riedel[3]) das Di-p-Phenetolcarbamid durch Erhitzen mit Harnstoff im Autoklaven auf 160° in das Dulcin überzuführen.

---

[1]) Ann. d. Chem. 131. 252 (1864).
[2]) Ber. Dtsch. Chem. Ges. 34. 1935 (1901).
[3]) J. D. Riedel D. R. P. Nr. 73083.

Diese Umsetzung vollzieht sich auch tatsächlich mit günstiger Ausbeute nach der Gleichung:

$$CO\genfrac{<}{}{0pt}{}{NH-C_6H_4-OC_2H_5}{NH-C_6H_4-OC_2H_5} + CO\genfrac{<}{}{0pt}{}{NH_2}{NH_2} = 2\, CO\genfrac{<}{}{0pt}{}{NH-C_6H_4-OC_2H_5}{NH_2}$$

Erst nachdem so gezeigt war, daß das p-Phenetidin durch gewöhnlichen Harnstoff völlig umgesetzt werden kann, konnte diese Darstellungsweise im großen durchgeführt werden. Man verfährt hierbei zweckmäßig in der Weise, daß unter Verwendung eines Überschusses von Harnstoff dieser und salzsaures p-Phenetidin im Autoklaven einige Stunden auf 150-160° erhitzt werden. Das Rohprodukt wird aus Wasser und Alkohol umkristallisiert, das zurückbleibende Di-p-Phenetolcarbamid im Autoklaven von neuem mit Harnstoff behandelt.

Von Bedeutung für die Synthese des Dulcins aus Harnstoff ist in der Gegenwart besonders auch der Umstand, daß sich aus Natrium- und Calcium-Cyanamid leicht Harnstoff gewinnen läßt.

Im weiteren Verlauf der Arbeiten über Dulcin wurde von Thoms[1]) gefunden, daß sich das Di-p-Phenetolcarbamid auch durch Erhitzen unter Druck mit neutralem Ammoniumkarbonat sowie carbaminsaurem Ammonium in Dulcin überführen läßt. Auch trocknes oder alkoholisches Ammoniak[2]) wirkt im Autoklaven bei 170-175° in ähnlichem Sinne ein, wobei jedoch auch p-Phenetidin entsteht:

$$CO\genfrac{<}{}{0pt}{}{NH-C_6H_4-OC_2H_5}{NH-C_6H_4-OC_2H_5} + NH_3 = C_6H_4\genfrac{<}{}{0pt}{}{OC_2H_5}{NH-CO-NH_2} + C_6H_4\genfrac{<}{}{0pt}{}{OC_2H_5}{NH_2}$$

Doch können diese Methoden nur als Bildungsweisen bezeichnet werden, da die Ausbeuten hierbei gering sind.

Interesse bietet ferner die Darstellung von p-Phenetolcarbamid aus p-Phenetidin und sauren Harnstoffderivaten[3]), wie z. B. Acetylharnstoff. Sie verläuft unter Bildung von Acetamid nach folgendem Formelbilde mit guter Ausbeute:

$$C_6H_4\genfrac{<}{}{0pt}{}{OC_2H_5}{NH_2} + CO\genfrac{<}{}{0pt}{}{NH_2}{NH-CO-CH_3} = C_6H_4\genfrac{<}{}{0pt}{}{OC_2H_5}{NH-CO-NH_2} + CO\genfrac{<}{}{0pt}{}{NH_2}{CH_3}$$

Auch aus Carbaminsäureethylester und p-Phenetidin sowie aus Phenetolcarbaminsäureethylester und Ammoniak läßt sich zu p-Phenetolcarbamid gelangen[4]).

I. $C_6H_4\genfrac{<}{}{0pt}{}{OC_2H_5}{NH_2} + CO\genfrac{<}{}{0pt}{}{NH_2}{OC_2H_5} = C_6H_4\genfrac{<}{}{0pt}{}{OC_2H_5}{NH-CO-NH_2} + C_2H_5OH$

II. $C_6H_4\genfrac{<}{}{0pt}{}{OC_2H_5}{NH-CO-OC_2H_5} + NH_3 = C_6H_4\genfrac{<}{}{0pt}{}{OC_2H_5}{NH-CO-NH_2} + C_2H_5OH$

Erwähnenswert sind noch folgende Arbeiten:

---

[1]) Ber. Dtsch. Pharm. Ges. III. 138. (1893).
[2]) J. D. Riedel D. R. P. Nr. 77310.
[3]) J. D. Riedel D. R. P. Nr. 79718.
[4]) J. D. Riedel D. R. P. Nr. 77420.

Läßt man nach Berlinerblau und Thoms[1]) auf salzsaures p-Phenetidin analog wie Kaliumcyanat Ammonium- oder Kaliumrhodanid einwirken, so erhält man den entsprechenden p-Phenetolthioharnstoff $= C_6H_4\langle{}^{OC_2H_5}_{NH-CS-NH_2}$
Dieser Körper, der sehr bitter schmeckt, gibt beim Entschwefeln mittels Bleikarbonats oder Bleioxyds Dulcin (Heller und Bauer[2]).

Aus p-Oxyphenylharnstoff erhält man Dulcin, indem man ihn in alkalischer Lösung mit Halogenalkylen behandelt.

In der Patentliteratur des Dulcins wird vielfach auch das p-Anisolcarbamid, d. i. die entsprechende Methylverbindung erwähnt. Über diese werden von W. Sternberg und J. D. Riedel[3]) zwar nähere Mitteilungen gemacht, eine Darstellungsmethode jedoch nicht angegeben. Ja, Fränkel weist sogar noch in der neuen Auflage seines bekannten Werkes[4]) an einer Stelle darauf hin, daß durch die Substitution der Aethylgruppe im Dulcin durch die Methylgruppe der süße Geschmack des Körpers völlig verloren gehe. Es haben daher Boedecker und Rosenbusch[5]) das p-Anisolcarbamid neuerdings hergestellt, indem sie auf p-Oxyphenylcarbamid in alkalisch-wässriger Lösung Dimethylsulfat einwirken ließen. Der erhaltene Niederschlag wurde aus Wasser umkrystallisiert und erwies sich nach Analyse als p-Anisolcarbamid: $CH_3OC_6H_4-NH-CO-NH_2$. Dasselbe besitzt den Schmelzpunkt 166°, ist leichtlöslich in Alkohol, Methylalkohol, Aceton sowie in heißem Chloroform, unlöslich in Aether, Benzin, Benzol. In heißem Wasser besitzt es die Löslichkeit von 1 + 10, in kaltem Wasser etwa von 1 + 20. Es hat einen deutlich süßen Geschmack; seine Süßkraft steht jedoch dem Dulcin beträchtlich nach, so daß es in dieser Hinsicht mit ihm in keiner Weise konkurrieren kann.

Versuche zum Ersatz der Aethylgruppe durch höhere Homologe wurden von Spiegel und Sabbath[6]) durchgeführt. Sie wählten dazu sowohl gesättigte als ungesättigte primäre, sekundäre, tertiäre, aliphatische sowie gemischte Radikale und erhielten auf diese Weise:

I. p-Propyloxyphenylcarbamid $C_3H_7O-C_6H_4-NH-CO-NH_2$
farblose Blättchen Schmp. 147°, nahezu unlöslich in kaltem Wasser.

II. p-Isobutyloxyphenylcarbamid $C_2H_5-(CH_3)-CHO-C_6H_4-NH-CO-NH_2$
farblose Prismen, Schmp. 156°, fast unlöslich in kaltem Wasser.

III. p-Amyloxyphenylcarbamid $C_5H_{11}O-C_6H_4-NH-CO-NH_2$

IV. p-Allyloxyphenylcarbamid $C_3H_5O-C_6H_4-NH-CO-NH_2$
farblose feine Nadeln, Schmp. 154°, fast unlöslich in kaltem Wasser.

V. p-Benzyloxyphenylcarbamid $C_6H_5-CH_2-OC_6H_4-NH-CO-NH_2$
farblose Nadeln, Schmp. 174°, nahezu unlöslich in kaltem Wasser.

---

[1]) J. prakt. Chem. (2) 30. 108. (1884), sowie Ber. Dtsch. Pharm. Ges. III. 134. (1893).
[2]) J. prakt. Chem. (2) 65. 379. (1902).
[3]) Riedels Berichte 1905. S. 54 u. 59.
[4]) Die Arzneimittelsynthese S. 68. Verl. Springer Berlin IV. Aufl. 1919.
[5]) Ber. Dtsch. Pharm. Ges. 30. (Nr. 4) 251. (1920).
[6]) Ber. Dtsch. Chem. Ges. 34. 1933. (1901).

Die Hoffnungen der Autoren auf praktische Verwendbarkeit einer dieser Verbindungen erfüllten sich jedoch nicht. Sie zeigten durchgehend nicht den süßen Geschmack, der die beiden ersten Glieder der homologen Reihe auszeichnet. Es ist dies sicherlich darauf zurückzuführen, daß die Verbindungen in Wasser zu schwer löslich sind. Normalerweise wäre sonst wenigstens bei den nächstfolgenden Homologen eine Steigerung der Süßkraft zu erwarten gewesen.

Weitere Abkömmlinge des Dulcins haben Boedecker und Rosenbusch[1]) hergestellt, indem sie die Aethylgruppe durch eine Oxalkylgruppe und zwar durch den Glycol- und den Glycerinrest ersetzten.

$$CO\diagup_{NH_2}^{NH-C_6H_4-OCH_2-CH_2-OH} \quad \text{Oxaethyl-p-Oxyphenylcarbamid oder Oxyphenetolcarbamid}$$

$$CO\diagup_{NH_2}^{NH-C_6H_4-OCH_2-CHOH-CH_2OH} \quad \text{Dioxypropyl-p-Oxyphenylcarbamid.}$$

Es lag beim Eintritt dieser Reste in das Molekül des Oxyphenylcarbamides die Möglichkeit vor, daß sich bei der bekannten Natur dieser an und für sich süß schmeckenden Alkohole Stoffe bildeten, die dem p-Phenetolcarbamid an Süßkraft mindestens gleichwertig waren, dabei aber durch den Einfluß der Oxygruppen sich leichter in Wasser lösten.

Zur Darstellung des Glycolderivates wurde Oxyphenylcarbamid, das man bekanntlich leicht aus salzsaurem Aminophenol und Kaliumcyanat erhalten kann, mit Aethylenchlorhydrin und Natriummethylatlösung im zugeschmolzenen Rohr auf 100—110° erhitzt.

Eine andere Darstellungsart ist durch Einwirkung von Aethylenchlorhydrin auf p-Nitrophenolnatrium, Reduktion des Kondensationsproduktes und Überführung in den entsprechenden Harnstoff möglich. Der Oxyphenetolcarbamid (oder Oxydulcin, wie es von dem Autor genannt wird), bildet tafelförmige Nadeln und besitzt den Schmp. 160°. Es löst sich, wie erwartet, bedeutend leichter in Wasser (1:100 kalt, 1:2,5 heiß) als Dulcin, hat aber nicht annähernd die gleiche Süßkraft und den Nachteil, daß es einen bitteren Nachgeschmack hinterläßt, ähnlich wie er in allerdings geringerem Maße von Saccharin hervorgerufen wird.

Das weitergenannte Produkt, das Glycerinderivat, erhielten Boedecker und Rosenbusch, indem sie p-Oxyphenylharnstoff in methylalkoholischer Lösung mit Natriummethylat und schließlich mit Monochlorhydrin versetzten, die erhaltene Lösung einengten und auf 100—110° erhitzten. Das erhaltene Dioxypropyl-p-oxyphenylcarbamid bildet nadelförmige Kristalle vom Schmp. 156—157°. Es ist leicht in heißem, schwer in kaltem Wasser löslich. Der süße Geschmack fehlt vollkommen, der Körper schmeckt schwach herb.

Von weiteren Abkömmlingen des Dulcins seien der Vollständigkeit halber erwähnt die von Berlinerblau[2]) hergestellten, durch Nitrierung und nachfolgende Reduktion des Dulcins erhaltenen Aminoverbindungen, das

---

[1]) s. loc. ib.
[2]) D. R. P. Nr. 63485. Kl. 12/II.

Amino-p-Anisol- und das Amino-p-Phenetolcarbamid, Verbindungen, die beide süßen Geschmack besitzen sollen[1]), aber für die Praxis nicht in Betracht kommen.

$$\text{I. } CH_3O-C_6H_3\diagdown_{NH-CO-NH_2}^{NH_2}$$

$$\text{II. } C_2H_5O-C_6H_3\diagdown_{NH-CO-NH_2}^{NH_2}$$

Es lag nahe, durch Einführung eines Säurerestes in den Dulcin-Kern die Wasserlöslichkeit dieses Süßstoffes zu erhöhen. So entstanden das dulcinsulfosaure Natrium von G. Cohn[2])

$$C_2H_5O-C_6H_3\diagdown_{NH-CO-NH_2}^{SO_2ONa}$$

sowie das p-Phenoxyessigsäurecarbamid von C. C. Howard[3])

$$C_6H_4\diagdown_{NH-CO-NH_2}^{OCH_2COOH}$$

Diese Verbindungen haben jedoch den Süßstoffcharakter völlig verloren.

Wenn man neben den genannten Substanzen die weiterhin hergestellte große Anzahl von tiefergehend veränderten Abkömmlingen und Substitutionsprodukten des Dulcins betrachtet (ich verweise hierbei auf die umfassende Literaturzusammenstellung von G. Cohn[4]) und auf Riedels Berichte 1905), so gelangt man zur Überzeugung, daß wohl jede Veränderung, die am Molekül des Dulcins vorgenommen wird, eine wesentliche Beeinträchtigung des Süßgeschmackes bzw. der Süßkraft bedeutet.

Eigenschaften des Dulcins.

Das Dulcin kristallisiert in farblosen Nadeln. Die Handelsware stellt in reinem Zustande ein weißes kristallines Pulver dar, das einen durch die Kristalle bedingten glänzenden Schimmer besitzt. Der Schmelzpunkt ist 173-174° C. korr. In der Literatur[5]) wird als Schmelzpunkt auch 160° angegeben, was jedoch nicht zutreffend ist. Es ist verhältnismäßig schwierig, vollkommen reines Dulcin zu erhalten, da sich bei der Umkristallisation des Rohdulcins außerordentlich leicht Spuren von Di-p-Phenetolcarbamid bilden sowie anscheinend aus dem Phenetidin stammende isomere Verbindungen mitkristallisieren, die den Schmelzpunkt herabdrücken.

Die Löslichkeit des Dulcins in Wasser beträgt nach Hager[6]) bei 15-18° C 1:700, bei 8-10° C 1:800. Thoms[7]) ermittelte bei 15° C ein

---

[1]) Später hat H. Thoms Ber. Dtsch. Pharm. Ges. 30. 227. (1920) gezeigt, daß diese Verbindungen nicht süß schmecken.
[2]) Ann. d. Chem. 309. 237. (1899).
[3]) Ber. Dtsch. Chem. Ges. 30. 547. (1897).
[4]) Die organischen Geschmacksstoffe, Berlin Verl. F. Siemenroth.
[5]) J. prakt. Chem. (2) 30. 104. (1884), sowie G. Heller und W. Bauer J. prakt. Chem. (2) 65. 379 (1902).
[6]) Pharm. Post 19. 233. (1893).
[7]) Ber. Dtsch. Pharm. Ges. III. 140. (1893).

Löslichkeitsverhältnis von 1:800 und bei kochendem Wasser ein solches von 1:50. In 100 Teilen Wasser lösen sich nach Neumann-Wender[1])

	bei 20	30	40	50	60	70	80°
Dulcin	0,160	0,216	0,380	0,480	0,520	0,600	0,650

Die Löslichkeit in Weingeist ist beträchtlich größer; sie beträgt

bei etwa 15° C 1:25 für 90 %igen Weingeist
                1:30 „ 80 „   „
                1:34 „ 70 „   „
                1:40 „ 60 „   „
                1:80 „ 45 „   „

Bei höheren Temperaturen steigt die Löslichkeit in Weingeist sehr rasch. Sie ist beispielsweise bei 70° bereits 1:2,7, bei 76° größer als 1:2,3, bei 79° größer als 1:2,0, bezogen auf Gewichtsteile 70 %igen Weingeist.

Von Aether, Benzol, Chloroform und Tetrachlorkohlenstoff wird Dulcin nur wenig aufgenommen, leicht dagegen von Aethyl- und Amylacetat[2]). Aceton löst bei Zimmertemperatur etwa im Verhältnis 1:8, Glyzerin im Verhältnis 1:460—480, Essigäther im Verhältnis 1:120[3]). Dulcin löst sich auch in fetten Ölen, was in pharmazeutischer Hinsicht von gewisser Bedeutung ist.[4]) Nach C. Bechert[5]) löst sich ein Teil Dulcin in 237 T. Ricinusöl, 297 T. Sesamöl, 545 T. Mandelöl, 639 T. Leinöl, 731 T. Mohnöl, 762 T. Rapsöl, 805—814 T. Olivenöl, 822 T. Dampflebertran, 296 T. gewöhnlichem Lebertran. Der große Unterschied der Löslichkeit des Dulcins in den verschiedenen Ölen erklärt sich aus deren Gehalt an freien Fettsäuren. Während Bechert in gewöhnlichem Tran hiervon 7,10 % ermittelte, fand er in dem durch Dampf gereinigten nur 0,62 %.

Im Dulcin als einem primären Substitutionsprodukt des Harnstoffes ist nämlich der basische Charakter noch in gewisser Beziehung erhalten. Er tritt besonders dadurch hervor, daß sich der Süßstoff in anorganischen und organischen Säuren leicht auflöst, sowie daß seine Löslichkeit in verschiedenen Flüssigkeiten, besonders auch in Wasser, durch die Gegenwart von Säuren erhöht wird. In Salzsäure und Schwefelsäure ist Dulcin leicht löslich. Seine Löslichkeit bei mittlerer Temperatur in organischen Säuren ist folgende:

100 Teile Ameisensäure   85 % Gehalt lösen 64 Teile Dulcin
100   „ Essigsäure   96 %   „   „ 36   „   „
100   „ Milchsäure   74 %   „   „   6   „   „
100   „ wässriger Zitronensäure 57 %   „   „   1,4 „   „
100   „ wässriger Weinsäure   58 %   „   „   0,8 „   „

---

[1]) Zeitschr. f. Nahrungsm. Unters., Hygiene und Warenkunde 14. 239. (1893).
[2]) J. Bellier, Ann. chim. anal. appl. 5. 33.
[3]) Dennhardt, Ber. Dtsch. Pharm. Ges. VI. 287. (1896).
[4]) Siehe hierüber auch A. Sommer, Amer. Pat. Nr. 524.513 u. 524.514.
[5]) Ap.-Ztg. p. 951. (1894).

Bei 19º C lösen sich im Liter 5 %iger Glycolsäure 1,396 g Dulcin, im Liter 10 %iger 1,646 g.

Mit starken Alkalien erhitzt, entwickelt der Süßstoff als Harnstoffderivat Ammoniak.

Erhitzt man Dulcin schnell auf 180°, so findet keine Veränderung statt, d. h. das geschmolzene und wieder erstarrte Produkt ist reines Dulcin geblieben. Auf 190° schnell erhitzt, hinterläßt das Dulcin nach dem Erkalten einen gefärbten Rückstand, der in heißem Wasser nicht völlig wieder löslich ist. Erhitzt man auf 200°, so hinterbleibt nach dem Erkalten ein rötlich gefärbter Körper, der beim Kochen mit Wasser nahezu den dritten Teil ungelöst hinterläßt. Erhält man das Dulcin bei einer Temperatur von 190° 15 Minuten lang, so hinterbleibt nach dem Erkalten ein Rückstand, von dem nur wenig über die Hälfte in heißem Wasser gelöst wird.

Der hinterbleibende Rückstand ist stets Di-p-Phenetolcarbamid. In dieses geht also das Dulcin beim Erhitzen über seinen Schmelzpunkt hinaus über.

Die Bildung von Di-p-Phenetolcarbamid findet übrigens unter gewissen Bedingungen auch beim Erhitzen wässeriger Lösungen des Dulcins in geringem Maße statt. Da dieser Umstand für die praktische Verwendbarkeit des Dulcins insofern von Bedeutung ist, als das Di-p-Phenetolcarbamid einen unlöslichen Körper ohne Süßkraft darstellt, so hat bereits Thoms[1]) in dieser Beziehung Versuche unternommen. Er kochte 2 g Dulcin am Rückflußkühler mit 120 g destilliertem Wasser 12 Stunden hindurch. Hierbei trübte sich die anfangs klare Lösung, und es schied sich ein Körper ab, welcher sich als Di-p-Phenetolcarbamid charakterisieren ließ. Nach Ablauf der genannten Zeit wurde die Flüssigkeit heiß filtriert, der Filterrückstand mit heißem Wasser nachgewaschen, getrocknet und gewogen. Das Gewicht betrug 0,55 g. Es waren demnach 33 % des angewendeten Dulcins in Di-p-Phenetolcarbamid übergegangen. Thoms fand bei der Fortsetzung seiner Versuche, daß sich die Zersetzlichkeit des Dulcins beim Kochen in wässerigen Lösungen durch Zusatz von geringen Mengen Ammoniumkarbonat soweit zurückdrängen läßt, daß nach zwölfstündigem Kochen noch ca. 11 % unlöslicher Rückstand gebildet werden.

Wie aus den Angaben ersichtlich ist, hat Thoms mit unverhältnismäßig hoher Konzentration gearbeitet. Da aber Dulcinlösungen im Verhältnis 1 : 60 ebensowenig wie eine Kochdauer von zwölf Stunden bei der praktischen Verwendung des Dulcins als Süßstoff in Frage kommen, so wurde zur Ergänzung der Versuche festgestellt, wie groß die Zersetzlichkeit des Dulcins ist, wenn man geringere Konzentrationen anwendet und diese normale Zeit hindurch im Sieden erhält.

Zu diesem Zwecke wurden zunächst 5 g Dulcin in 500 g Wasser gelöst und eine Stunde am Rückflußkühler im Sieden erhalten. Das Zersetzungsprodukt wurde auf ein quantitatives Filter abfiltriert, getrocknet und gewogen.

---

[1]) Ber. Dtsch. Pharm. Ges. III. 208. (1893).

Es waren beim ersten Versuch 2,3%, beim zweiten 2,5% der angewandten Menge in Di-p-Phenetolcarbamid übergangen. Ferner wurde 1 g Dulcin mit 4 Liter Wasser eine Stunde gekocht, also eine Verdünnung angewendet, die dem normalen Gebrauche entspricht. Es konnte hierbei keine Zersetzung beobachtet werden. Nun wurden wässerige Dulcin-Lösungen in gleicher Verdünnung nach Zusatz verschiedener Säuren, wie Äpfelsäure, Weinsäure, Salzsäure u. a. m. bis zu einer Konzentration von 4% eine Stunde lang gekocht. Die Umsetzung des Dulcins in Di-p-Phenetolcarbamid stieg hierbei bis 2,5% der angewandten Substanz.

Es geht hieraus hervor, daß die in Frage kommende geringe Zersetzlichkeit des Dulcins beim Kochen für den praktischen Gebrauch keinerlei Bedeutung hat, umsoweniger als das Zersetzungsprodukt ein unlöslicher, geschmack- und geruchloser Körper ist. **Das Dulcin ist daher in praktischer Hinsicht als kochbeständig zu bezeichnen; es kann mit den zu süßenden Speisen ohne weiteres mitgekocht werden**, ohne daß die beim Saccharin hierbei auftretenden widerlichen Geschmacksbeeinträchtigungen zu erwarten sind.

Bei gewöhnlicher Temperatur halten sich wässerige Lösungen ohne die geringste Einbuße an Süßigkeit wochen- und monatelang unverändert.

Die Süßkraft oder besser der Süßungsgrad[1]) des Dulcins wurde nach den vergleichenden Versuchen von Zuntz[2]) als die 200 fache des Rohrzuckers festgestellt. Riedel hatte bereits in früheren Jahren einen Süßungsgrad von mindestens 250 ermittelt. Als nun neuerdings das Dulcin mit der Angabe eines 250 fachen Süßungsgrades in den Handel gebracht wurde, ist von vielen Seiten, insbesondere von Limonadenfabrikanten darauf aufmerksam gemacht worden, daß der Süßungsgrad im praktischen Gebrauche ein wesentlich höherer sei. Um diesen Widerspruch zu klären, wurden im Laboratorium der J. D. Riedel A.-G., sowie an mehreren Instituten eingehende Untersuchungen angestellt. Es ergab sich, daß der Süßungsgrad des Dulcins wie auch der des Saccharins ein variabler ist. Er ist abhängig von der Konzentration der Lösung, von dem Lösungsmittel selbst und den in dem Lösungsmittel weiterhin enthaltenen Stoffen.

Bekanntlich sind derartige Bestimmungen mit außerordentlichen Schwierigkeiten verknüpft. Um richtige Ergebnisse zu erhalten, muß zur Ausschaltung subjektiver Fehler eine große Anzahl von Versuchspersonen herangezogen werden, da die Empfindlichkeit der Geschmacksorgane der einzelnen Individuen sehr verschieden ist. Es muß die Temperatur, die Quantität der eingeschlürften Lösung, ihre Einwirkungsdauer auf die Geschmackspapillen, die Geschmacksempfindlichkeit der verschiedenen Regionen des Mundes und Rachens usw. sorgfältigst beachtet und insbesondere auch dem raschen Ermüden der Geschmacksnerven Rechnung getragen werden. Als geeignetste Temperatur der zu schmeckenden Lösungen wird 38° C an-

---

[1]) Nach einem Vorschlage von Th. Paul, München, in Analogie mit Säuregrad.
[2]) Mitteilung an F. Riedel.

gegeben. Höhere oder niedrigere Temperaturen sollen im allgemeinen die Empfindlichkeit der Geschmacksnerven herabsetzen, doch werden von verschiedenen Autoren auch Temperaturen zwischen 10 und 30° benutzt. Die Flüssigkeit wird solange im Munde behalten, bis normalerweise eine zweifelsfreie Geschmacksempfindung eingetreten sein muß oder eingetreten ist, was etwa nach 5 Sekunden angenommen werden kann. Innerhalb dieser Zeit wird sie durch Bewegen der Zunge möglichst mit der ganzen Oberfläche der Mund- und Rachenregionen in Berührung gebracht und hierauf sofort ausgespieen. Nach jedem Versuch wird der Mund sorgfältig nachgespült und zur Beseitigung der letzten schmeckenden Reste zweckmäßig geschmackloses Brot gekaut.

Als Lösungsmitttel für den Süßstoff verwendet man am besten sogenanntes Leitfähigkeitswasser. Es kann jedoch auch, falls solches nicht zu erlangen ist, normal zusammengesetztes Leitungswasser gebraucht werden; dagegen ist destilliertes Wasser wegen seines gewöhnlich anhaftenden Blasengeruches zu verwerfen.

An dieser Stelle sei ferner auf die exakteste Methodik der Bestimmung des Süßungsgrades von künstlichen Süßstoffen, die sogenannte Konstanzmethode, verwiesen, über welche R. Pauli auf der 86. Versammlung deutscher Naturforscher und Ärzte in Nauheim im September 1920 berichtete.[1])

Die Technik des Schmeckens unterscheidet zunächst zwei Punkte, die verhältnismäßig nahe beisammen liegen:
    a) den generellen Schwellwert, bei welchem ein allgemeiner Geschmack auftritt, ohne daß dieser bezüglich seiner Art (ob süß, sauer usw.) näher zu definieren wäre,
    b) den spezifischen Schwellwert, bei welchem die Qualität erkannt wird.

Man unterscheidet ferner beim spezifischen Schwellwert die Konzentrationsschwelle[2]), dies ist die eben wirksame Konzentration eines Stoffes sowie die Gewichtsschwelle, die absolute Gewichtsmenge eines Stoffes, die mit dem Geschmacksorgan in Berührung gebracht werden muß, um Geschmacksempfindung zu erwecken.

Bei der Feststellung der Konzentrationsschwelle beginnt man nun mit Verdünnungen, die zweifellos geschmacklos sind, schreitet sodann in immer konzentrierteren Lösungen über den generellen Schwellwert hinweg zur Konzentrationsschwelle. Umgekehrt beginnt man mit süßen Lösungen und verdünnt solange, bis eben der Süßgeschmack verschwunden ist.

Bei Versuchen zur Bestimmung der Gewichtsschwelle werden von den Lösungen mit einer Pipette bestimmte Mengen abgemessen und gekostet. Der Gehalt der Flüssigkeitsmenge, die eben den süßen Geschmack deutlich erkennen läßt, wird sodann berechnet.

---

[1]) Siehe hierüber auch: R. Pauli, Psychologisches Prakticum. Jena, Verlag Fischer 1920
[2]) Siehe W. Nagel, Handbuch der Physiologie des Menschen Bd. III (1905)

A. Arnold[1]) hat unter Leitung von A. Gürber Konzentrations- und Gewichtsschwellenbestimmungen einer Reihe von Süßstoffen durchgeführt, deren Ergebnisse hier angeführt seien:

Konzentrationsschwellen

Süßstoff	Maximalwert	Minimalwert	Mittelwert	Mehrsüße des Saccharins
Saccharin	1 : 50000	1 : 60000	1 : 55000	
Dulcin	1 : 32000	1 : 38000	1 : 35000	1,57
Fruchtzucker . . .	1 : 150	1 : 170	1 : 160	344,—
Rohrzucker	1 : 95	1 : 105	1 : 100	550,—
Traubenzucker . .	1 : 55	1 : 65	1 : 60	917,—
Mannit	1 : 47	1 : 53	1 : 50	1100,—
Milchzucker	1 : 23	1 : 27	1 : 25	2200,—

Gewichtsschwellen

Süßstoff	Lösung	Maximal- wert in ccm	Minimal- wert in ccm	Mittelwert Vol. ccm	Mittelwert Gewicht mg	Mehrsüße des Saccharins
Saccharin	1 : 55000	8,5	7,5	8,—	0,145	
Dulcin	1 : 35000	6,5	5,5	6,—	0,17	1,17
Fruchtzucker . . .	1 : 160	3,3	2,7	3,—	18,7	129,—
Rohrzucker	1 : 100	2,8	2,2	2,5	25,0	172,—
Traubenzucker . .	1 : 60	2,0	1,5	1,75	29,0	200,—
Mannit	1 : 50	1,7	1,3	1,5	30,0	207,—
Milchzucker	1 : 25	1,2	0,8	1,0	40,0	276,—

Arnold bemerkt hierzu, daß der generelle Schwellwert des Saccharins schon bei Lösungen 1 : 100000 liegt, daß er aber geschmacklich einen unangenehmen Charakter besitze. Bei den übrigen Süßstoffen habe er einen derartigen, der Süße vorausgehenden Geschmack nicht wahrgenommen. Demnach scheint Dulcin dem natürlichen Süßstoffe geschmacklich gleich zu sein.

In der letzten Rubrik der Tabelle 1 und 2 wird angegeben, wieviel mal Saccharin an der Konzentrationsschwelle bzw. Gewichtsschwelle süßer ist als die übrigen Süßstoffe. Man sieht hierbei, daß das Dulcin in diesen Verdünnungen dem Saccharin hinsichtlich der Süßungsgrade überaus nahe steht; ist es doch bei der Konzentrationsschwelle nur 1,57 mal, bei der Gewichtsschwelle sogar nur 1,17 mal weniger süß als Saccharin.

---

[1]) Dissertation 1918. Pharmakolog. Institut Marburg.

Die Veränderung des Süßungsgrades von Dulcin mit Änderung der Konzentrationsverhältnisse führen uns die folgenden Tabellen von Arnold vor Augen:

Gleiche Süße bei Dulcin und Saccharin.

Dulcin		Saccharin		Süßigkeitsverhältnis von Saccharin zu Dulcin	Volumen der Ausgleichsverdünnung der Saccharinlösung
Vielfache der Grenzschwellenkonzentration	Lösung	Vielfache der Grenzschwellenkonzentration	Lösung		
1 fache	1 : 35000	1 fache	1 : 55000	1,57	—
2 fache	1 : 17500	2 fache	1 : 27500	1,57	—
3 fache	1 : 11650	3 fache	1 : 18300	1,57	—
4 fache	1 : 8750	3,44 fache	1 : 16000	1,83	0,14 Vol.
8 fache	1 : 4375	5,79 fache	1 : 9500	2,17	0,35 Vol.
12 fache	1 : 2920	7,33 fache	1 : 7500	2,57	0,64 Vol.
16 fache	1 : 2250	7,53 fache	1 : 7300	3,2	1,1 Vol.
20 fache	1 : 1800	7,64 fache	1 : 7200	4,0	1,61 Vol.
25 fache	1 : 1400	7,75 fache	1 : 7100	5,07	2,23 Vol.
30 fache	1 : 1170	7,81 fache	1 : 7040	6,02	2,84 Vol.
35 fache	1 : 1000	7,86 fache	1 : 7000	7,0	3,4 Vol.

Gleiche Süße bei Dulcin und Rohrzucker.

Dulcin		Rohrzucker		Süßigkeitsverhältnis von Dulcin zu Rohrzucker
Vielfache der Grenzschwellenkonzentration	Lösung	Vielfache der Grenzschwellenkonzentration	Lösung	
1 fache	1 : 35000	1 fache	1 : 100	350
4 fache	1 : 8750	2,86 fache	1 : 35	250
6 fache	1 : 5830	3,33 fache	1 : 30	194
8 fache	1 : 4375	3,87 fache	1 : 26	168
10 fache	1 : 3500	4,35 fache	1 : 23	152
12 fache	1 : 2920	4,76 fache	1 : 21	139
16 fache	1 : 2250	5 fache	1 : 20	112,5
20 fache	1 : 1800	5,26 fache	1 : 19	94,7
25 fache	1 : 1400	5,56 fache	1 : 18	77,8
30 fache	1 : 1170	5,88 fache	1 : 17	68,8
35 fache	1 : 1000	6,25 fache	1 : 16	62,5

Hiernach ist Dulcin an der Schwellenkonzentration 350 mal süßer als Rohrzucker, während sein Süßungsgrad bei der 35 fachen Schwellenkonzentration nur das 62,5 fache des Rohrzuckers beträgt. In ganz ähnlicher Weise sinkt nach Arnold der Süßungsgrad des Saccharins von 550 bis 88,5.

Arnold faßt die Ergebnisse seiner Versuche dahin zusammen, daß die Konzentrationsschwelle kein Maß darstellt für den Süßigkeitswert eines Stoffes, da mit steigender Konzentration die Süßen nicht mit den Konzentrationen parallel zunehmen. Da nun die Bewertung der Süße eines Stoffes von großer praktischer Bedeutung ist, insofern sich danach seine Abmessung zum Süßen von Speisen und Genußmitteln richtet, muß der Vergleich der Süßstoffe bezüglich ihrer Geschmacksstärke im Bereich ihres praktischen Gebrauches erfolgen. Er legt nun für den praktischen Gebrauch eine 5—8 %ige Rohrzuckerlösung zu Grunde und kommt zu dem Ergebnisse, daß Saccharin 350 mal, Dulcin 112 mal süßer als Rohrzucker sei.

Den praktischen Verhältnissen nähern sich die Ergebnisse, welche R. Seuffert durch seine Untersuchungen[1]) erzielte:

„Meine Untersuchungen unterscheiden sich von denen Arnolds im wesentlichen dadurch, daß es mir weniger auf die Festlegung der theoretischen Grenz- und Schwellenwerte ankam als auf die Gewinnung von für die Praxis verwertbaren Vergleichszahlen. Es ergaben sich für mich somit die Fragen:

    I. In welcher Verdünnung kann eine Dulcinlösung eben noch als süß geschmeckt werden?

   II. Welches ist der entsprechende Schwellenwert für eine Rohrzuckerlösung?

  III. Welche Verhältniswerte ergeben sich beim Vergleich von Zucker- und Dulcinlösungen bei verschiedenen Konzentrationen?

Die Hauptschwierigkeiten bei der Durchführung dieser Versuche lagen in der subjektiv verschiedenen Empfindlichkeit der Versuchspersonen, die die Lösungen auf ihren Geschmack prüften. Um diese Empfindlichkeit auszuschalten, begnügte ich mich nicht mit Selbstversuchen, sondern ließ alle meine Vergleichslösungen von möglichst vielen Versuchspersonen durchkosten, wobei ich, um Beeinflussung auszuschalten, es durchweg vermied, die Versuchspersonen weiter als unbedingt notwendig war über Zweck und Ziel des Versuches vorher zu unterrichten.

Eigene Vorversuche ergaben, daß die Geschmacksschwelle des Dulcins für mein persönliches Empfinden bei einer Konzentration von 1 g zu 100 000 g Wasser lag.

Dies subjektive Ergebnis ließ ich nachprüfen, indem ich 4 verschiedenen Versuchspersonen in unbezeichneten Gefäßen Dulcinlösung 1 : 100 000 g, Leitungs- und destilliertes Wasser, zu kosten gab. In jedem Falle wurde, obwohl die Versuchspersonen keine Kenntnis von dem Inhalt der Lösungen hatten, die Dulcinlösung als ganz schwach süß von dem rein fadschmeckenden destillierten und dem Leitungswasser unterschieden.

---

[1]) Ausgeführt im Physiol. Institut der tierärztlichen Hochschule Berlin, bisher unveröffentlicht.

Einer Versuchsperson vertauschte ich dann ohne ihr Wissen den Inhalt der Gläser, und wiederum wurde mehrmals absolut sicher die Dulcinlösung an ihrem süßen Geschmack erkannt.

Ähnliche Versuche mit Rohrzuckerlösung ergaben, daß die Schwelle für das Empfinden als „süß" in einer Rohrzuckerlösung von 3 g in 1000 g Wasser zu suchen sei.

Aus der Vergleichung der beiden Werte ergibt sich, daß das Dulcin in diesen Anfangskonzentrationen 300 mal süßer empfunden wird als Rohrzucker.

Das Ergebnis deckt sich annähernd mit dem Befunde Arnolds, der an der Grenzschwelle eine 350 fache Süßigkeit des Dulcins im Vergleich mit Rohrzucker festgestellt hat.

Die nächste Versuchsreihe beschäftigte sich mit der Vergleichung von Dulcin und Rohrzuckerlösungen höherer Konzentrationen, vom Grenzwert (Leitungs- und destilliertes Wasser) beginnend.

Den Versuchspersonen wurden nur durch Nummern gekennzeichnete Gläser mit den verschiedenen Lösungen gereicht und ihnen die Aufgabe gestellt, eine Süßigkeitsskala zu konstruieren, nachdem sie vorher den Geschmack der Lösungen festgelegt hatten.

Das Ergebnis ist aus folgender Tabelle zu ersehen:

Süßigkeits-Skala.

Lösung	Frl. M.	Herr W.	Herr B.	Herr Wa.	Herr M.	Herr Pr.	Herr S.	Frl. K.	Herr G.	Herr K.
Leitungswasser	I	I	I	VI	II	VI	II	I	I	I
Destill. Wasser	II	II	II	I	VI	I	VI	II	III	II
Dulcin 1/100000	III	VI	VI	II	I	VII	I	III	III	VI	VII
„ 1/66000	IV	III	VIII	IX	VII	II	VII	VI	VI	VIII	VI
„ 1/50000	V	VII	III	VII	VIII	VIII	VIII	VII	VII	II	IX
Rohrzucker 1/333	VI	IX	VII	VIII	III	III	III	VIII	VIII	VII	X
„ 1/250	VII	VIII	IX	IV	IX	IV	IV	V	IX	IV	VIII
„ 1/200	VIII	X	IV	III	X	V	V	IV	X	V	V
„ 1/166	IX	V	V	V	IV	IX	IX	IX	V	X	III
„ 1/133	X	IV	X	X	V	X	X	X	IV	IX	IV

Merkwürdig ist, daß in einzelnen Fällen das Ergebnis völlig aus der Reihe herausfällt, was sich vielleicht nur durch Ermüdung der Geschmacksnerven erklären läßt.

Vergleicht man die Ergebnisse der aufgestellten Süßigkeitsskalen, so fällt zunächst die große Verschiedenheit der Reihen auf, doch ist das Ergebnis bei den geringen Unterschieden der Lösungen an sich nicht zu verwundern. Es bestätigt nur im allgemeinen die individuelle Verschiedenheit der einzelnen Versuchspersonen gegenüber den Geschmacksreizen.

Immerhin ergibt sich deutlich, daß die Lösungen IV, V, IX und X mit einander verglichen werden dürfen, woraus sich wiederum eine ungefähr 300 fache Süßkraft des Dulcins im Vergleich mit Rohrzucker errechnen läßt.

Um Vergleiche bei noch höheren Konzentrationen zu erhalten, wurden mehreren Versuchspersonen nun 3 Lösungen ($1/2\ ^0/_{00}$ Dulcin und $10\ ^0/_0$ und $15\ ^0/_0$ Rohrzuckerlösung) zur Feststellung des Süßigkeitsgrades gereicht.

Das Resultat war:

Vers.-P.	F	R	R	A	D	K	R	S	K	G
	10	10	D	10	10	10	D	D	D	10[1])
	D	D	15	D	D	D	10	10	10	15
	15	15	10	15	15	15	15	15	15	D

Die $10\ ^0/_0$ Rohrzucker- und die $1/2\ ^0/_{00}$ Dulcinlösung sind in ihrer Süßkraft ungefähr gleichstark. Der so zu errechnende Vergleichswert für die Süßkraft des Dulcins von ca. 200 ist vielleicht ein wenig niedrig. Doch stimmt er auch mit den Beobachtungen Arnolds wenigstens insofern überein, als auch Arnold bei höheren Konzentrationen ein Absinken des Süßwertes im Vergleich mit Zucker festgestellt hat, wenn auch die niedrigen Werte Arnolds (112 fache Süßkraft im Vergleich zu einer $5\ ^0/_0$igen Rohrzuckerlösung und 60 fache Süßkraft bei 35 facher Konzentration des Schwellenwertes) nicht erreicht worden sind.

Für die in der Nahrungsmittelindustrie und im Hausgebrauch verwendeten Konzentrationen des Dulcins muß man meiner Meinung nach mit einer Süßkraft des Dulcins in der Höhe des 200—300 fachen des Rohrzuckers rechnen."

Besondere Beachtung verdienen die außerordentlich exakten Versuche, welche von Th. Paul in der Forschungsanstalt für Lebensmittelchemie in München angestellt wurden. Paul faßte in seinem Vortrage bei der Tagung des Vereins deutscher Naturforscher und Ärzte in Nauheim im September 1920 seine Ergebnisse in folgende Leitsätze zusammen:

1. **Begriffsbestimmung des Süßungsgrades.** Der Süßungsgrad ist die Zahl, die angibt, wie viel Gramm Zucker (Rübenzuckerraffinade) in einem bestimmten Volumen Wasser gelöst werden müssen, damit die Lösung gerade so süß schmeckt, wie die Lösung von 1 g Süßstoff in dem gleichen Volumen Wasser.
2. Der Süßungsgrad wässriger Saccharin- und Dulcinlösungen ist der Konzentration dieser Süßstoffe nicht proportional. Er nimmt bei steigender Konzentration der Lösung wesentlich weniger zu, als der Konzentration der Süßstoffe entspricht.
3. Die Zunahme des Süßungsgrades ist bei Dulcin geringer als bei Saccharin.
4. Der Süßungsgrad des Saccharins und Dulcins ist daher keine konstante Größe, er hängt vielmehr weitgehend von der Konzentration ab. Er schwankt in den gebräuchlichen Konzentrationen

---

[1]) D = $1/2\ ^0/_{00}$ Dulcinlösung.

(entsprechend einer 2 bis 10 prozentigen Zuckerlösung) bei Saccharin (Krystallose-Saccharin) ungefähr zwischen 200 und 700, bei Dulcin ungefähr zwischen 70 und 350.

5. Der Süßungsgrad einer wässrigen Lösung, die gleichzeitig Saccharin und Dulcin enthält, ist annähernd gleich der Summe der Süßungsgrade der Einzelbestandteile.

Wenn in der Praxis die gegenteilige Beobachtung gemacht wurde, so beruht dies wahrscheinlich darauf, daß irrtümlicherweise mit einem konstanten Süßungsgrad der Süßstoffe ohne Rücksicht auf die Konzentration gerechnet wurde.

6. Auf Grund vorstehender Gesetzmäßigkeiten kann die zum Süßen von Lebensmitteln im Einzelfalle erforderliche Menge Süßstoff im voraus besser berechnet werden als bisher.

7. Die überwiegende Mehrzahl der zahlreichen Versuchspersonen war nicht imstande, die mit künstlichen Süßstoffen sachgemäß gesüßten Speisen und Getränke von den mit Zucker oder Stärkesirup gesüßten zu unterscheiden. Auch wenn den Versuchspersonen mitgeteilt wurde, daß sich unter den gereichten Proben solche mit künstlichen Süßstoffen befanden, vermochte die Mehrzahl nicht die künstlich gesüßten Proben herauszufinden.

8. Aus diesen Versuchen geht hervor, daß die künstlichen Süßstoffe den Zucker als Süßungsmittel sehr gut ersetzen können. Dem Dulcin wurde wegen seines angenehm süßen und vollmundigen Geschmackes allgemein der Vorzug vor dem Saccharin gegeben. Dulcin bietet den Vorteil, daß die damit gesüßten Speisen und Getränke gekocht werden können, ohne daß nachteilige geschmackliche Veränderungen eintreten, die vielfach beim Gebrauch des Saccharins beobachtet werden. Leider beeinträchtigt die Schwerlöslichkeit des Dulcins in kaltem Wasser (ungefähr 1:800) seine Verwendung im Haushalt.

In einer weiteren Mitteilung[1]) berichtet Th. Paul über neue Beobachtungen, welche für die Bedeutung und die Anwendungsmöglichkeit des Dulcins von großer Wichtigkeit sind. Paul stellte bei der Fortsetzung seiner Versuche fest, daß sich der Süßungsgrad des Saccharins durch Zusatz des weniger süßschmeckenden Dulcins unverhältnismäßig stark erhöhen läßt. So wird z. B. der Süßungsgrad einer Lösung von 280 mg Saccharin in 1 l Wasser durch weiteres Auflösen von nur 120 mg Dulcin so gesteigert, daß die Lösung gerade so süß schmeckt wie eine solche, die 535 mg Saccharin enthält. Der Süßungsgrad des Saccharins ist also beinahe auf das Doppelte gesteigert und eine Gesamtersparnis an Süßstoff von etwa 33 % erzielt worden.

Diese überraschende Wirkung kommt folgendermaßen zustande. Die Süßstoffe Saccharin und Dulcin schmecken, wie bereits bemerkt, in den

---

[1]) Chem. Ztg. 45. 38. (1921).

geringen Konzentrationen unverhältnismäßig viel süßer als in den konzentrierteren Lösungen. Andererseits addieren sich die Süßungsgrade der beiden Süßstoffe. Man ist infolgedessen imstande, durch Kombination der beiden Stoffe ihren unvergleichlich höheren Süßungsgrad bei geringer Konzentration auszunutzen. In dem vorgenannten Beispiel entspricht der Süßungsgrad von 280 mg Saccharin in 1 l einer 7%igen Zuckerlösung und derjenige von 120 mg Dulcin einer 3%igen Zuckerlösung. Als Summe ergibt sich der Süßungsgrad einer 10%igen Zuckerlösung, während zur Erreichung desselben Zieles 535 mg Saccharin oder 1430 mg Dulcin erforderlich sind. In der nachstehenden Tabelle ist die Steigerung des Süßungsgrades von Saccharin und Dulcin beim Mischen übersichtlich zusammengestellt. Die in einer Horizontalreihe der Spalten 1, 2, 3, 4 und 7 aufgeführten Lösungen sind „isodulc", d. h. schmecken gleich süß. Die in den Spalten 5 und 6 enthaltenen Süßstoffmengen stellen ein sog. „ausgezeichnetes Gemisch" dar, d. h. diejenige Mischung, bei welcher die zur Erreichung eines bestimmten Süßungsgrades erforderliche Summe, das ist das Gesamtgewicht der beiden Süßstoffe, ein Minimum ist. Sie entsprechen den Minimapunkten der isodulcen Kurven, die durch Rechnung gefunden und durch Versuche bestätigt wurden.

Die Steigerung des Süßungsgrades (süßen Geschmackes) von Saccharin (Krystallose von Heyden) und Dulcin beim Mischen.

Isodulce Lösungen, d. h. Lösungen, die gleich süß schmecken:

1. Zucker g in 1 l	Zucker %	2. Saccharin mg in 1 l	3. Dulcin mg in 1 l	„Ausgezeichnetes Gemisch" von 4. Saccharin + Dulcin mg in 1 l		Summe
10	1 %	20	30	—	—	—
20	2 %	30	55	—	—	—
30	3 %	55	120	—	—	—
40	4 %	100	290	55	30	85
50	5 %	150	480	55	55	110
60	6 %	190	665	100	55	155
70	7 %	280	855	150	55	205
80	8 %	370	1050	190	55	245
90	9 %	450	1250	190	120	310
100	10 %	535	1430	280	120	400

Obwohl es sich also bei diesen Mischungen um eine additive Wirkung der Süßungsgrade des Dulcins und Saccharins handelt, wird in der Praxis doch eine Wirkung erzielt, die einer potenzierenden gleichkommt. Eine Lösung, die Saccharin und Dulcin gleichzeitig enthält, schmeckt angenehmer und vollmundiger als eine Lösung von Saccharin allein.

Aus dieser Mitteilung ergibt sich als Zusammenfassung:

1. Der Süßungsgrad des Saccharins läßt sich durch Zusatz des weniger süßschmeckenden Dulcins unverhältnismäßig stark erhöhen. Am meisten

ist dies bei den sog. „ausgezeichneten" Gemischen der Fall. — 2. Der süße Geschmack von Lösungen, die Saccharin und Dulcin gleichzeitig enthalten, ist wesentlich angenehmer als der einer gleich süßen Saccharinlösung.

Auf Grund der Versuchsergebnisse von Th. Paul muß die Beurteilung des Süßungsgrades eines Süßstoffes von ganz neuen Gesichtspunkten aus erfolgen. Immerhin läßt sich im allgemeinen ein durchschnittlicher Süßungsgrad annehmen und man wird im praktischen Gebrauch bei Annahme eines Süßungsgrades von etwa 250 für Dulcin in den meisten Fällen befriedigende Ergebnisse erhalten. Da der Süßungsgrad jedoch, abgesehen von der Konzentration, auch abhängig ist von anderen in dem Lösungsmittel vorkommenden Substanzen (besonders Alkohol erhöht wesentlich), so empfiehlt es sich, in solchen Fällen, zumal bei Massenfabrikation in der Lebensmittelindustrie, einen kleinen Vorversuch zur Ermittlung der erforderlichen Menge Süßstoff anzustellen, wenn ein neues Nahrungs- oder Genußmittel mit Dulcin oder auch Saccharin hergestellt werden soll.

Wie Arnold[1]) erwähnt, besitzt Saccharin an der generellen Grenzschwelle einen ausgesprochenen bitteren Geschmack, bei zunehmender Konzentration wird dieser von dessen Süßgeschmack überdeckt, bleibt jedoch immer in Form einer metallisch bitteren Nachwirkung in gewissem Grade bestehen. Dieser Nachteil fehlt dem Dulcin vollkommen; es besitzt, besonders in stärkeren Verdünnungen, wie sie für die Praxis in Betracht kommen, einen reinen süßen Geschmack.

Herzfeld[2]) sagte in dieser Beziehung gelegentlich eines Vortrages im Verein der Rübenzuckerfabrikanten: „Vor dem Saccharin habe er niemals eine besondere Furcht empfunden, weil es manche recht unangenehme Eigenschaften besitze, namentlich einen mandelartigen Geschmack. Anders wäre es aber mit der neuen Substanz, welche den Namen Dulcin führe und in der Chem. Fabrik von J. D. Riedel hergestellt werde. Das Dulcin habe ein bedeutend angenehmeres Süß als das Saccharin, solle angeblich 200 mal so süß wie Zucker sein, also weniger süß als das Saccharin, aber doch hinreichend süß."

Nach Neumann-Wender[3]) besitzt Dulcin einen rein süßen Geschmack, welche Eigenschaft es vor dem Saccharin, das bekanntlich einen mandelartigen Beigeschmack besitzt und nach längerem Gebrauch nur noch mit Widerwillen genommen wird, vorteilhaft auszeichnet.

Spiegel und Sabbath[4]) heben hervor, daß das Dulcin dem Saccharin an Süßkraft zwar nachstehe, daß es dafür aber einen angenehmeren, dem Zucker näher stehenden Geschmack besitze.

---

[1]) Loc. ibid.
[2]) Pharm. C. H. 51. 749. (1892)
[3]) Zeitschr. f. Nahrungsm.-Unters., Hygiene u. Warenkunde VII. 278. (1893)
[4]) Ber. Dtsch. Chem. Ges. 34. 1938. (1901)

Pharmakologische Prüfung des Dulcins.

Die erste pharmakologische Prüfung des Dulcins wurde von Stahl[1] durchgeführt. Um über eine etwaige schädliche Wirkung, die das Präparat ausüben könnte, Klarheit zu erhalten, hatte Stahl diese Versuche nicht allein auf die Fütterung von Tieren beschränkt, er stellte auch fest, ob irgendwelche anormalen Erscheinungen bei den Einführungen durch Einspritzung in das Unterhautzellgewebe oder in die Blutbahn auftreten würden.

Die Einführung in den Verdauungstraktus wurde auf zweierlei Weise vorgenommen. Einmal in Kapseln, die, je 0,5 g Dulcin fassend, dem Tiere in die Speiseröhre gesteckt wurden und von hier aus in den Magen gelangten, ferner mit einem weitlumigen Katheter. Dieses wurde bis in den Magen geleitet und durch die Magensonde dann abgewogene Mengen Dulcin, in Wasser von Körpertemperatur möglichst fein aufgeschlämmt, mittels einer oben auf das Katheter gesetzten Pipette eingeführt.

Als Versuchstiere wurden Kaninchen und Hunde verwendet. Bei dem Kaninchen war nach der Gabe für kurze Zeit ein Nachlassen der Freßlust bemerkbar; am darauffolgenden Tage fraß es jedoch in normaler Weise und vertrug die fortgesetzten Gaben sehr gut. Einem anderen Kaninchen wurden 2 g Dulcin mit einem Male verabreicht. Es zeigte sich hier eine vorübergehende Störung in dem Wohlbefinden des Tieres. Hervorzuheben ist jedoch, daß die Beibringung der Kapseln in so großer Zahl (4 Kapseln zu je 0,5 g Dulcin) nur durch Anwendung beträchtlicher Gewalt (Einstopfen bei gesperrtem Maule des Tieres mit dem Finger in die Speiseröhre) und zu größtem körperlichen Unbehagen des Tieres ermöglicht wurde. Bei diesem Versuche ließ sich eine mäßige Herabsetzung der Körpertemperatur bemerken, von $38,5°$ auf $37,7°$ C, die wohl der Wirkung des in so großer Menge beigebrachten Dulcins zuzuschreiben ist. Die Herabsetzung der Temperatur war bei Beibringung von 1 g Substanz sehr gering, von $38,80$ auf $38,5°$ C. Immerhin ist durch diesen Versuch festgestellt worden, daß das Dulcin in größerer Menge eingeführt, zu gewissen Nebenerscheinungen führen kann. In Wirklichkeit dürften jedoch so große Gaben auf einmal (2 g Dulcin entsprechen 400—500 g Zucker!) niemals zur Anwendung gelangen.

Um festzustellen, wie fortgesetzte Gaben von Dulcin wirken, und ob etwa bei diesem Körper eine akkumulative Wirkung sich bemerkbar macht, wurde einem dritten Kaninchen an sieben aufeinanderfolgenden Tagen alle 24 Stunden je 1 g Dulcin mittels der Schlundsonde beigebracht. Das Tier gewöhnte sich sehr schnell an das Präparat. Nur am ersten Tage war eine Herabminderung der Körpertemperatur bemerkbar, schon am zweiten Tage konnte die gleiche Erscheinung nicht mehr beobachtet werden. Das Tier machte während der ganzen Dauer der Versuche den Eindruck eines durchaus gesunden und normalen Individuums. Eine auf die Dauer schädigende Einwirkung des Dulcins war mithin nicht ersichtlich.

---

[1] Ber. Dtsch. Pharm. Ges. III. 141. (1893)

Die Einführung des Dulcins durch subkutane Injektion wurde in der Weise vorgenommen, daß einem jungen Kaninchen an sechs aufeinanderfolgenden Tagen je 0,0225 g Dulcin, in Wasser von 37° C gelöst, beigebracht wurden. Von irgendeiner nachteiligen Einwirkung des Präparates auf den Organismus war hier ebensowenig etwas wahrzunehmen, wie bei der nachfolgenden, an einem Hunde und einem Kaninchen vorgenommenen Einführung durch intravenöse Injektion (in ersterem Falle 0,0645, in letzterem 0,028 g Dulcin).

Auf Grund seiner Untersuchungen gelangt Stahl zu dem Schlusse, daß das Dulcin auch bei fortgesetzten, recht beträchtlichen Gaben irgendwelche Schädigungen in dem tierischen Organismus nicht hervorruft. Erst bei sehr großen, im praktischen Leben nicht zur Anwendung kommenden Gaben treten störende, jedoch bei Aussetzung weiterer Gaben bald wieder verschwindende Nebenerscheinungen auf.

Zu ähnlichen Ergebnissen ist auch Kossel gelangt, der über seine an Hunden und Kaninchen vorgenommenen Fütterungsversuche mit Dulcin in der am 27. April 1893 stattgefundenen Sitzung der Physiologischen Gesellschaft zu Berlin[1]) berichtete. Er hatte auf Veranlassung von DuBois-Reymond Versuche mit Dulcin an Tieren angestellt, um die Grenze festzustellen, bis zu der man das Dulcin ohne Nachteil dauernd verabreichen könne.

Zunächst zeigte sich, daß Kaninchen im Verhältnis zum Körpergewicht widerstandsfähiger gegen das Dulcin sind als Hunde; z. B. vertrugen Kaninchen von 1800—2000 g Gewicht einmalige Dosen von 2 g Dulcin gut. Bei den Versuchen mit Hunden ergab sich, daß das Dulcin bis zu einer Menge von 0,1 g pro Kilo Körpergewicht einige Zeit hindurch gegeben werden kann, ohne daß schädigende Erscheinungen eintreten. Kossel benutzte 2 Hunde von 20 und 25 Kilo; diese erhielten 25 Tage hindurch täglich 2 g Dulcin (d. h. in einer Dosis, die je 400—500 g Zucker entspricht). Nach ungefähr 5 Tagen hörte bei den Tieren die Freßlust auf, der Appetit kehrte dann trotz der fortgesetzten Eingabe des Dulcins nach einigen Tagen zurück und am Ende der Fütterungsperiode zeigten beide Tiere keinerlei abnorme Erscheinungen; auch war das Körpergewicht bei beiden annähernd gleich geblieben.

Gibt man größere Dosen, so treten mitunter schon bei einmaliger Eingabe Symptome des Übelbefindens auf; nach Zuführung von 4 g Dulcin (entsprechend 800—1000 g Zucker) erbrechen die Tiere gewöhnlich, doch war selbst nach einer einmaligen Gabe von 10 g (d. h. entsprechend 4—5 Pfund Zucker!) ein Hund von 25 kg Körpergewicht am nächsten Tage völlig munter.

Kossel verabreichte den beiden Hunden dann zunächst 9 Tage hindurch täglich 2 g, vom 10. Tage an täglich 4 g Dulcin. Sobald die größere Dosis gegeben war, fraßen die Tiere überhaupt nichts mehr, sie fielen sehr ab und am 14. Fütterungstage trat bei beiden Gallenfarbstoff im Urin auf. Es lag jedoch nicht in der Absicht, die Symptome zu verfolgen, welche nach übermäßigen

---

[1]) Verhandlg. der Physiol. Ges. Berlin 1893 Nr. 11

Dosen von Dulcin bei Hunden auftreten. Übrigens erholten sich die Tiere ziemlich schnell, als der Versuch in diesem Zeitpunkte abgebrochen wurde.

Bei der Beurteilung dieser Versuchsergebnisse muß man bedenken, daß die Dosis von 2 g Dulcin, die von den Hunden, wie soeben ausgeführt, 25 Tage hindurch gut vertragen wurde, der täglichen Einführung eines Süßwertes von etwa 400—500 g Zucker entspricht. Es dürfte wohl nur sehr wenige Genußmittel geben, die in solch übertriebener Weise genossen nicht zu krankhaften Erscheinungen führen!

Ewald hat Einführungen des Dulcins in den menschlichen Organismus vorgenommen. Er äußerte sich hierüber folgendermaßen[1]):

„Ich kann zunächst sagen, daß das Präparat einen weniger intensiv süßen Geschmack wie das Saccharin hat, welches dieser Eigenschaft wegen den Kranken meist nach einiger Zeit, bald früher, bald später, widerlich wird, so daß sie oft zuletzt nichts mehr davon wissen wollen. Das Dulcin wurde einzelnen Patienten bis zu 1,5 g pro die gegeben, ohne daß unangenehme Nebenwirkungen auftraten. Da es aber umständlich ist, die betreffenden Pulver abwägen zu lassen, so wurden auf meine Veranlassung Pastillen von 0,025 g Dulcin (entsprechend der Süßkraft von 5 g Rohrzucker) mit Mannit hergestellt. Von diesen Pastillen hat ein an leichten dyspeptischen Erscheinungen leidender Kranker mit Morb. Addisonii täglich 16 Stück = 0,4 g Dulcin seit drei Wochen genommen, also ca. 8,0 g Dulcin verbraucht, ohne jede Nebenerscheinung, und ohne daß das Präparat dem Patienten unangenehm geworden wäre. Es bedarf kaum der Erwähnung, daß weder bei einem Fall von Diabetes noch bei den übrigen Personen, die Dulcin erhielten, der Zucker im Harn vermehrt bzw. überhaupt ausgeschieden wurde. Ich mache darauf aufmerksam, daß alle künstlichen Nähr- bzw. Ersatzpräparate auf die Dauer das Naturprodukt nicht vertreten können, weil sie schließlich dem menschlichen Geschmack nicht mehr zusagen. Das Dulcin dürfte aber, wie gesagt, den Vorzug vor dem Saccharin haben, daß es weniger „künstlich süß" schmeckt."

Sehr bemerkenswert sind die Untersuchungen von Paschkis[2]) über Dulcin, das damals anderweitig auch mit dem Namen „Sucrol" bezeichnet wurde. Er berichtet hierüber wie folgt:

„Über die absolute Unschädlichkeit des Sucrols belehrten mich zunächst einige Versuche, die ich an kalt- und warmblütigen Tieren anstellte. Es äußerte weder bei der internen noch bei der subkutanen Applikation irgendeine Wirkung. Kaninchen und Hunde vertrugen Dosen von 1 g pro die und darüber ohne weiteres. Die subkutane Applikation macht einige Schwierigkeiten, weil das Sucrol eben nur in geringen Quantitäten löslich ist; jedoch machen auch 2—3 Dezigramm Sucrol, in Emulsion subkutan injiziert, weder lokale Erscheinungen noch sonst irgendeine Wirkung. Ein Einfluß auf Zirkulation, Respiration oder auf das Zentralnervensystem war nicht zu

---

[1]) Verhandlg. der Physiol. Ges. Berlin 1893 Nr. 11
[2]) Therapeut. Bl. Nr. 3 (1893).

konstatieren. Auch allgemeine Wirkungen waren an Hunden, welche ich wochenlang mit Sucrol fütterte, nicht zu beobachten. So hatte ein Hund von 5800 g im Laufe von 5 Wochen, während welcher er mit Sucrol gefüttert wurde, von kleinen Schwankungen abgesehen, an Gewicht nichts eingebüßt. Diese und andere gleichzeitig gefütterte Hunde zeigten normale Freßlust; sie erhielten nebst der gewöhnlichen Kost 0,1—0,5 g Sucrol täglich zwischen 2 Wurstschnitten. Nur als irrtümlicherweise mehrmals täglich 1 g gereicht worden war, erbrachen manche Tiere die Wurst, um sie aber sofort wieder zu fressen, zugleich ein Beweis dafür, daß das Mittel selbst den Tieren nicht widerlich war.

Zunächst stellte ich Versuche mit verschiedenen Verdauungsflüssigkeiten an:

I. Vorerst wurde filtrierter Mundspeichel mit verschiedenen Mengen Sucrol versetzt; es waren in den Probezylindern mit je 10 ccm Speichel

0 . . . . kein Sucrol
1 . . . . 0,05 % „
2 . . . . 0,1 % „
3 . . . . 0,5 % „
4 . . . . 1,0 % „

enthalten. Dieselben wurden mit 1 ccm dünnen Stärkekleisters versetzt. Nach 2 Minuten war das Amylum in allem saccharisiert, die Lösungen reduzierten Fehling'sche Flüssigkeit prompt.

II. Pankreas. Frisch bereitetes Infus von Rinderpankreas wurde ebenfalls mit Sucrol versetzt, so daß je 20 ccm desselben in den Proberöhren

0 . . . . kein Sucrol
1 . . . . 0,05 % „
2 . . . . 0,1 % „
3 . . . . 0,15 % „
4 . . . . 0,2 % „
5 . . . . 0,5 % „

enthielten. Dieselben wurden mit je 2 ccm Stärkekleister versetzt und bei einer Temperatur von 40° erhalten. Nach 3 Min. reduzierten sämtliche Proben Fehling'sche Lösung, bei keiner war irgendeine Verzögerung der Amylalyse wahrzunehmen.

Gleichzeitig wurde eine zweite Reihe ebenso konzentrierter Proben mit gekochtem Hühnereiweiß beschickt. Die einzelnen kreisrunden Scheiben hatten einen Durchmesser von 4,5 mm und eine Höhe von 1 mm. Nach 5 Stunden waren die Reihe Scheibchen in allen Röhrchen gleichmäßig gequollen, nach 24 Stunden überall zu durchscheinenden Flöckchen geworden.

III. Pepsin. Von einer durch Digestion von Magenschleimhaut vom Schwein mit Salzsäure hergestellten Verdauungsflüssigkeit wurden je 20 ccm in Proberöhren

1 mit 0,05 % Sucrol
2 „ 0,1 % „
3 „ 0,25 % „
4 „ 0,5 % „
5 „ 1,0 % „

versetzt. Diesen sowie einer Kontrollprobe 0 wurde bei einer Temperatur von 40° C Eiweißstückchen wie im vorhergehenden Versuch zugefügt. Nach 4 Stunden waren in 0 und 1 die Eiweißstückchen gelöst, in 2 und 3 in je ein zartes Flöckchen verwandelt, in den übrigen Röhrchen waren die Eiweißstückchen zu dünnen durchscheinenden Scheibchen geworden. Nach weiteren 10 Stunden waren auch diese vollkommen gelöst.

Ein zweiter analoger Versuch wurde mit Denæyers Pepsinum officinale und 4 $^0/_{00}$ Salzsäure, welchem Sucrol in denselben Mengenverhältnissen zugesetzt war, angestellt. Auch hier wurden in 0 und 1 die Eiweißstückchen in 4 Stunden vollkommen gelöst, die übrigen in dünne, durchscheinende Scheibchen verwandelt, welche nach weiteren 10 Stunden ebenfalls völlig gelöst waren. Aus diesen Versuchen geht hervor, daß die Verdauung in keiner Weise, selbst durch relativ große Mengen Sucrol gehindert wurde, was übrigens schon die vollkommen ungestörte Verdauung und Ernährung der damit gefütterten Tiere wahrscheinlich gemacht hatte.

In Hinsicht auf die mögliche und in Aussicht genommene Verwendung des Sucrols bei der Zubereitung von Speisen stellte ich folgende Versuche an.

IV. Hefe. Bei einer 2% igen Traubenzuckerlösung wurde eine Probe ohne Sucrolzusatz und die andere mit soviel Sucrol versetzt, als sich bei 30° C eben löste (etwas über 0,2%), mit in Wasser aufgeschwemmter Hefe beschickt und nach Dr. Moritz in mit Quecksilber verschlossene Eprouvetten gefüllt. Bei einer Temperatur von 30° begann in beiden die Gärung und nach 1 Stunde war in beiden ungefähr die gleiche Menge Kohlensäure am oberen Ende der Eprouvette angesammelt. In einem zweiten analogen Versuch begann die Gärung in der Sucrolröhre schon nach 15 Minuten, während sie in der Kontrollprobe erst nach 25 Minuten begann. Dementsprechend blieb während 2 Stunden die 1. Probe der 2. in der Gasentwicklung immer vor. Andere Kontrollversuche verliefen wie der erste: also ungelöst bleibende Mengen Sucrol hatten keinerlei Einfluß auf Eintritt und Verlauf der Gärung.

V. Emulsin. Von einer 3% Amygdalinlösung wurden je 20 ccm 1. mit 0,05%, 2. mit 0,1%, 3. mit 0,2% Sucrol und dann mit Emulsinlösung versetzt. Bei einer Temperatur von 30° C wies eine Kontrollprobe nach 10 Minuten deutlichen Blausäuregeruch auf, die anderen hatten eine kleine Verzögerung, es dauerte 12 Minuten. Bei einem Gehalt von 0,5% (unlöslich) war die Verzögerung noch etwas größer, es dauerte im ganzen 15 Minuten. Die Zersetzung trat aber stets ein.

Endlich habe ich in analoger Weise wie mit dem Saccharin Versuche mit Milch vorgenommen.

VI. Von frischer Vollmilch wurden je 50 ccm
    1. mit 0,1 % Sucrol
    2. „ 0,2 % „
    3. „ 0,3 % „
    4. „ 0,5 % „
    5. „ 1,0 % „

versetzt. Nach 48 Stunden waren eine Kontrollprobe und 1. stark sauer, 2., 3., 4. ebenfalls und 5. sehr schwach sauer, nach weiteren 48 Stunden waren alle Proben geronnen. (Die Lufttemperatur war um diese Zeit sehr niedrig.)

In einer 2. Reihe wurde Milch gekocht und vorher mit
1. 0,2 % Sucrol
2. 0,4 % „
3. 1,0 % „

versetzt. Nach 2 Tagen war die ebenfalls gekochte Kontrolle sauer, die 3 mit Sucrol versetzten Proben schwach sauer, aber nicht geronnen. Nach weiteren 3 Tagen war die 1. geronnen, die übrigen aber nicht und zeigten nach wie vor schwach saure Reaktion. Diese Proben trockneten allmählich ein, gerannen aber, wie ich in anderen Versuchen sah, auf Essigsäurezusatz sofort. Ebenso verhielt sich frische, mit Sucrol versetzte Milch. Daraus ging nun auch die durch einen Versuch bestätigte Tatsache hervor, daß man Milch mit Sucrol leicht ohne Schaden für jene eindampfen kann. Die Gerinnung wird in ungekochter Milch durch Sucrol in keiner Weise gehindert und bei gekochter zum mindesten nicht gefördert.

Ebensowenig wird durch einen Sucrolzusatz die Gerinnung der Milch durch Labferment gehindert. Daß gekochte Milch nach Sucrolzusatz nicht sauer wird, hat seinen Grund offenbar nur in dem vorhergegangenen Kochen. Dessen ungeachtet dachte ich einen Augenblick an die Möglichkeit einer antizymotischen bzw. antifermentativen Wirkung des doch von einem Körper der aromatischen Reihe herstammenden Sucrols, wenngleich auch hierfür seine Indifferenz der Gärung gegenüber nicht eben sprach. Ich habe demgemäß zunächst untersucht, wie sich die Substanz gegenüber der Fäulnis verhalte:

Ein Schweinspankreashaché wurde in 2 gleiche Teile geteilt, mit wenig kaltem Wasser verrührt, eine der beiden Portionen mit einer größeren Menge (0,5) Sucrol innig vermischt. Während nun die Kontrollprobe schon nach wenigen Stunden bei Zimmertemperatur faulte, erhielt sich die mit Sucrol gemischte einen vollen Tag und hatte auch dann keine eigentliche Fäulnis, sondern einen unangenehmen säuerlichen Geruch; sie reagierte auch stark sauer, während die Kontrolle alkalisch reagierte. Am zweitnächsten Tage war zwischen beiden Proben kein Unterschied mehr wahrzunehmen; in beiden war eine lebhafte Gasentwicklung und die Fäulnis schon stark vorgeschritten. Ich kann diese Tatsache, welche sich bei einem zweiten Versuche wiederholte, nicht erklären, zumal anders geartete Proben vollkommen negativ ausfielen. Fleischbouillon und Harn faulten nämlich auch nach Zusatz von Sucrol gleich rasch als ohne dieses.

Ebensowenig hinderlich erwies es sich bei der Entwicklung von Mikroorganismen. So wurden Proben von Agar-Agar, in welchen Sucrol in der Hitze gelöst war — beiläufig bemerkt löst es sich darin in weit erheblicheren Mengen, wobei das Agar nach dem Erkalten klar und durchsichtig bleibt — einerseits mit bacterium coli, andererseits mit Streptococcus pyogenes geimpft. Schon am nächsten Tage zeigte sich, obwohl die Proben nur bei Zimmertemperatur gehalten wurden, die Impfung erfolgreich und die Vegetation nahm bedeutend zu, als die Proben nur kurze Zeit einer Temperatur von 30—35° C ausgesetzt worden waren.

Wie schon vorher mitgeteilt, erscheint das Sucrol ebenso indifferent für den tierischen Organismus, wie es sich den einzelnen, bei der Verdauung sich abspielenden Vorgängen gegenüber ergibt. Es wurde schon gesagt, daß es weder Zirkulation, noch Atmung, Nervensystem oder Verdauung beeinflußt. Ebensowenig wird die Nierensekretion durch dasselbe verändert. Der auch während längeren Gebrauchs dieses Süßstoffes gelassene Harn verhielt sich normal und zeigte keine Farbenveränderung. Dessenungeachtet erscheint es mir wenigstens vorläufig noch nicht ausgemacht, daß das Sucrol ein reines Organodecursiv ist; vielmehr möchte ich glauben, daß es im Organismus wenigstens teilweise zersetzt wird. Im Harn sind Spuren des neuen Körpers erst nach Darreichung von verhältnismäßig größeren Gaben (0,5 und darüber) zu finden. Zum Nachweis der Substanz bediente ich mich einer mir von Dr. Berlinerblau angegebenen Reaktion."

Hager[1]) stellte durch Selbstversuche fest, daß der Genuß von Dulcin völlig unschädlich sei.

Neumann-Wender[2]) erwähnt von Dulcin, daß Hunde, Hühner, Enten und Sperlinge, denen er mit Dulcin vermischte Nahrung gab, diese ohne merklichen Widerwillen und ohne schädliche Folgen verzehrten.

Der dulcinhaltige Harn reduziert weder Fehling'sche noch alkalische Wismutlösung und dreht die Ebene des polarisierten Lichtes nicht. Traubenzuckerlösungen, die mit Dulcin versetzt werden, vergären vollständig und ebenso rasch wie reine Zuckerlösungen. Der Süßstoff besitzt daher keine gärungshemmenden Eigenschaften.

Kobert berichtete in einer Abhandlung[3]), daß das Dulcin keinerlei Blutveränderung bewirke und daß der Süßstoff auch für Katzen, welche gegen blutzersetzende Stoffe noch empfänglicher sind als Hunde, in solchen Dosen, wie sie für den Menschen in Frage kommen, unschädlich sei. In fortgesetzten abnorm hohen Gaben sei der Süßstoff den Tieren allerdings schädlich; indes sei von Blutzersetzung und Ikterus nichts wahrzunehmen, vielmehr dürften rein cerebrale Lähmungserscheinungen im Spiele sein. Kobert gelangte schließlich auf Grund seiner Beobachtung zu folgendem Ergebnis:

„Wie der Zucker in zu großen Dosen Menschen und Tiere krank macht, so tut es auch das Dulcin. In den Dosen, welche vernünftigerweise in Frage kommen können, ist das Dulcin für den Menschen, soviel wir bis jetzt wissen, unschädlich und bildet durch seinen rein süßen Geschmack einen Fortschritt gegenüber dem Saccharin.

---

[1]) Pham. Post Nr. 19 (1893)
[2]) Ztschr. für Nahrungsmittelunters., Hyg. und Warenkunde 7. 237. (1893)
[3]) Zentralblatt für innere Medizin Nr. 16 (1894)

Sterling[1]) wendete Dulcin bei Zuckerkrankheit an und hatte auch bei einjährigem ständigem Gebrauche keine mit dem Dulcinverbrauch in Verbindung zu bringenden störenden Zufälle wahrgenommen. Er verordnete das Dulcin in Pastillen zu 0,025 g, entsprechend 5 g Zucker und ließ den Süßstoff in Pulverform auch zum Versüßen gekochter Speisen gebrauchen. Den Arzneien (z. B. Opium) ließ er, gleichfalls statt Zucker, Dulcin zusetzen, gab aber hierbei wegen der geringen Menge des Süßstoffes noch einen weiteren Zusatz, z. B. etwa Natr. bicarbonic. Schließlich verwendete Sterling Dulcin auch mit Vorteil zum Versüßen des Lebertrans für Kinder, wobei er auf 100 g Tran 4 g einer 4 prozentigen alkoholischen Dulcinlösung verschrieb. Irgendwelche Nachteile hatte er beim Gebrauche von täglich 1 bis 3 Kinderlöffeln eines solchen Trans nicht wahrgenommen.

Ungünstigeres berichtet Aldehoff[2]) über Versuche, welche er auf Veranlassung von Mering anstellte. Er führte sie anscheinend an kleinen Hunden durch. Die Tiere erhielten 1 g täglich, anfangs in Pillen, später in Emulsion. Schon in den ersten Tagen zeigten sie, wie Aldehoff berichtet, Störung des Allgemeinbefindens, Erbrechen, verminderte Freßlust, Apathie und zunehmende Abmagerung. Die auffallendste Veränderung habe der Harn geboten; er wurde dunkel, bei einigen intensiv braunrot, bot jedoch spektroskopisch keine Besonderheiten. Der Schaum war deutlich ikterisch. Ungefähr gleichzeitig erschien auch ein leichter Ikterus, der bei einem $3^{1}/_{2}$ kg schweren Hunde besonders intensiv wurde. Die Scleren sowie die sichtbaren Schleimhäute zeigten auffallend starke Gelbfärbung, die Fäces dagegen behielten ihre normale Farbe bei. Der Ikterus ging einher mit fortschreitender Abmagerung und hielt, immer stärker werdend, bis zu dem nach drei Wochen erfolgten Tode an. Blutveränderungen wurden bei Dulcin nicht beobachtet.

Dieser vom Verfasser selbst lediglich als „vorläufig" bezeichneten Mitteilung, der die in Aussicht gestellte Hauptarbeit nicht gefolgt ist, und die aller näheren Versuchsdaten ermangelt, ist entgegenzuhalten, daß die für die Versuche verwendeten Tiere in Anbetracht der hohen Dosis offenbar viel zu klein waren, und daß bei ihnen die wahrscheinliche Maximal-Tagesdosis von Dulcin (etwa 0,3 g) um mehr als das dreifache überschritten worden ist.

Auf Aldehoff's Mitteilung nehmen Munk und Uffelmann[3]) Bezug, indem sie schreiben: „Dulcin und Glucin sind von uns an Kranken geprüft und in den in Betracht kommenden Gaben bis 0,5 g per die als indifferent erwiesen worden. Schädliche Einwirkungen, über die Mering berichtet, beziehen sich auf Gaben, welche beim Menschen nicht in Betracht kommen."

Es mag hier darauf hingewiesen werden, daß es im allgemeinen wenig zweckentsprechend erscheint, durch Anwendung von Dosen, die für die Praxis gar nicht mehr in Frage kommen, die Schädlichkeit eines Stoffes dar-

---

[1]) Münchener med. Wochenschrift Nr. 50 (1897)
[2]) Therap. Monatshefte S. 71 (1894).
[3]) Ernährung des gesunden und kranken Menschen. III. Aufl. S. 553.

tun zu wollen; denn welcher Stoff, der praktischerweise nur in kleinen Mengen, etwa wie ein Gewürz, genommen werden soll, besitzt schließlich nicht eine Dosis, die schädlich wirkt! Wenn man einem Hündchen von von 7 Pfund Gewicht längere Zeit hindurch täglich die 1 g Dulcin entsprechende Zuckermenge von 200—250 g Zucker zuführen würde, so dürfte aller Wahrscheinlichkeit nach der Tod schon wesentlich früher als nach drei Wochen erfolgen. Auch Kochsalz, Pfeffer, Paprika usw., kurz jedes Gewürz wirkt, in übertriebenem Maße genommen, nachteilig auf die Gesundheit. Auch die in landläufigen Genußmitteln enthaltenen differenten Stoffe, wie z. B. Nikotin im Tabak, Coffein im Kaffee, Theobromin im Kakao usw. wirken, isoliert genossen, schon in kleineren Mengen gesundheitsschädlich, während sie in vernünftigem Maße genossen keinerlei Nachteile hervorrufen. So ist die Salizylsäure in großen Mengen genommen direkt als Gift zu bezeichnen und dennoch ist sie in kleineren Mengen genossen harmlos.

Lewin[1]) schreibt über Salizylsäure:

„Ein besonderes Interesse bot die Frage, ob die chronische Aufnahme der Salizylsäure in Nahrungs- und Genußmitteln, denen sie zu Konservierungszwecken hinzugefügt wurde, als gesundheitsschädlich anzusehen ist? Versuche an Menschen ergaben, daß $1/2$ g Salizylsäure pro Tag in reichlicher Flüssigkeit genossen unschädlich ist." Tatsächlich wurde auch in einer gemeinschaftlichen Beratung von Mitgliedern der Freien Vereinigung Deutscher Nahrungsmittelchemiker mit Vertretern der Industrie eine Salizylierung von Fruchtsäften bis höchstens $1/2$ g im Liter als zulässig erachtet.

Ebenso wurde während der Kriegszeit die Benzoesäure für die Konservierung von Fruchtsäften und Marmeladen behördlich zugelassen, obwohl sie in großen Dosen nach den Angaben von Schreiber, sowie Kobert und Schulte[2]) als nicht unschädlich anzusehen ist.

Ähnlich liegt es auch bei dem Dulcin. Es kann nicht in Abrede gestellt werden, daß das Dulcin als Phenetidin-Abkömmling in großen Mengen genommen, gewisse physiologische Wirkungen äußert. Treupel und Hinsberg[3]) geben an, daß es in großen Mengen Antipyrese erzeuge, jedoch keinerlei Nebenwirkungen hervorrufe. **Dagegen haben die eingehenden Versuche bewiesen, daß die für den praktischen Gebrauch in Frage kommenden Mengen völlig unschädlich sind.** Eine wesentliche Stütze hierfür bildet neben den pharmakologischen Ergebnissen auch die Tatsache, daß vor dem Inkrafttreten des Süßstoffverbotes 5 Jahre hindurch bereits ansehnliche Mengen Dulcin im In- und Auslande verbraucht wurden, ohne daß jemals auch nur die geringste ungünstige Wirkung bekannt geworden wäre.

Auf die Unschädlichkeit normaler Dosen des Dulcins kann man unbedenklich schließen, wenn man die physiologische Wirkung des Phenacetins

---

[1]) Eulenburg Encyclopädie III. Bd. 21. 159.
[2]) Zur Kenntnis der Wirkung der Benzoesäure Schmidts Jahrbuch 185, pag. 12 u. 113.
[3]) Fränkel: Die Arzneimittel Synthese III. S. 270 Siehe ferner: Münchener Med. Wochenschrift Nr. 12. 44. (1897)

betrachtet, das bekanntlich gleichfalls ein Phenetidin-Abkömmling ist. Obwohl es eine wesentlich höhere Wirkung als Dulcin besitzt und seine Spaltung im Organismus noch leichter als bei diesem erfolgt, werden geringere Dosen in der Literatur doch als indifferent bezeichnet.

Nach den Versuchen von Hinsberg und Kast[1]) bewirken Dosen von 0,15—0,2 g Phenacetin auf je 1 Kilo bei Hunden keine besonderen Veränderungen, selbst wenn den Tieren mehrere Tage hintereinander 1,0 bis 2,0 g gegeben wurden. Bei einer erheblichen Steigerung der Dosen (3,0—5,0 g) Phenacetin zeigten sich beschleunigte Respiration, Schlafsucht, schwankender Gang, Erbrechen. Diese Erscheinungen nahmen im Verlauf von 2—3 Stunden unter gleichzeitigem Auftreten einer mehr oder weniger stark ausgesprochenen Cyanose der Maulschleimhaut zu. Nach einigen Stunden erholten sich die Tiere wieder vollkommen. Das Blut zeigte bei diesen Tieren mehrmals eine cyanotische Verfärbung und das Spektrum des Methämoglobins. Letzteres trat jedoch nicht regelmäßig auf und konnte bei den kleineren Dosen niemals festgestellt werden.

Beim gesunden Menschen beobachtete Kobler[2]) nach Dosen von 0,5—0,7 g Phenacetin keinerlei Veränderungen im Befinden; auch die Körpertemperatur blieb unbeeinflußt. Cyanose und Methämoglobinämie beim Menschen beobachtete Mueller[3]) nur in zwei Fällen nach Tagesdosen von 6,0—8,0 g Phenacetin.

Den zahlreichen Untersuchungsergebnissen von Dulcin reihen sich noch die folgenden, neuerdings mit Dulcin ausgeführten Versuche an.

Als im Jahre 1917 seitens der Behörden die Wiedereinführung des Dulcins erwogen wurde, ist das Reichsgesundheitsamt beauftragt worden, die Frage seiner Unschädlichkeit zu begutachten. Zu diesem Zwecke hat das Reichsgesundheitsamt nach jeder Richtung hin eingehende Versuche durchgeführt. Zunächst wurde an Tieren verschiedenster Art durch langdauernde Fütterungen mit größeren und kleineren Mengen die unter allen Bedingungen als indifferent zu bezeichnende Tagesdosis festgestellt. Dann wurden die Versuche auf den Menschen ausgedehnt; dabei wurde mehrere Monate hindurch Dulcin an etwa 3000 Menschen unter dauernder Beobachtung und Kontrolle verabreicht. Erst als diese großzügigen Untersuchungen durchaus günstig verlaufen waren, ist die amtliche Erlaubnis zur Einführung des Dulcins für die Limonaden- und Brauerei-Industrie usw. erteilt worden. E. Rost vom Reichsgesundheitsamt teilte über diese Prüfung des Dulcins auf der 86. Versammlung deutscher Naturforscher und Ärzte in Bad Nauheim im September 1920 mit, daß er während zehnmonatlichen Gebrauchs des Dulcins an Stelle von Zucker keinerlei unangenehme Nebenwirkung bemerkt habe. „Das Gesundheitsamt habe sich entschlossen, das Dulcin zum Versüßen von obergärigen Bieren, Limonadenersatzgetränken, Essig und Senf freizugeben. Die tägliche Menge, die der Mensch ohne bemerkbaren Einfluß zu sich nehmen könne, betrage 0,3 g; über diese Gabe hinaus könne

---

[1]) Zentralblatt für die med. Wissenschaften Nr. 9. (1887)
[2]) Wiener med. Wochenschrift S. 26 u. 27 (1887)
[3]) Therap. Monatshefte August 1888

eine Herabsetzung der Körpertemperatur beginnen. Bemerkenswert wäre, daß Saccharin von Affen verweigert, Dulcin begierig angenommen würde."

Gürber[1]) berichtet, daß die von ihm beobachteten Ergebnisse die Unschädlichkeit des Dulcins gezeigt haben: Kaninchen, 5 Tage nacheinander mit 2 g Dulcin gefüttert, haben außer etwas dünnerem Kot nichts Krankhaftes aufgewiesen. Eine Temperatursenkung war nur zuweilen zu beobachten, und zwar dann höchstens um einen halben Grad. Zum Vergleiche wurden auch 50 g Zucker (entsprechend der Süßkraft von 0,2 g Dulcin) verfüttert; diese Menge Zucker rief heftiges Abführen hervor. Bei Versuchen, die Gürber an Menschen, insbesondere auch im eigenen Haushalte anstellte, konnte er Wochen hindurch keinerlei unangenehme Erscheinungen beobachten.

Kobert[2]) schreibt über seine neuen Untersuchungen folgendes:

„Bei Versuchen an vier weiblichen und sieben männlichen Personen im Alter von 7—82 Jahren, denen das Dulcin in Dosen von 0,1—0,2 g pro dosi und einzelnen bis zu 0,6 g pro die gereicht wurde, ließen sich, abgesehen von dem bei 0,2 g aufdringlich süßen Geschmack, keinerlei unangenehme Wirkungen des Dulcins wahrnehmen. Namentlich zeigte das Thermometer keine Änderung der normalen Temperaturkurve. Alle elf Personen sind nämlich gesund. Allen schmeckte das Mittel bei gehöriger Verdünnung schön süß. Ich selbst muß 0,2 g des Mittels mit zwei Gläsern chinesischen Tees verdünnen, sonst schmeckt es mir zu süß. Es würde aber auch noch bei stärkerer Verdünnung mir süß schmecken. Alle von mir seinerzeit über Dulcin gemachten Angaben halte ich aufrecht. Ich empfehle die Einführung des Dulcins aufs wärmste. Je eher sie kommt, desto größer wird der Gewinn, den ganz Deutschland davon haben wird, sein. Daß beim Kochen sich der Geschmack nicht ändert, ist von ungeheurem Wert. Für die Haltbarkeit des Präparates spricht, daß die vor etwa 14 Jahren gesandten Tabletten noch heute einen rein süßen Geschmack haben. Falls die Lösbarkeit etwas begünstigt werden kann, wäre dies ein Vorteil. Das Pulver, zum Tee geschüttet, schwimmt obenauf und wird nur sehr langsam benetzt und gelöst. Auch die Tabletten sind sehr schwer löslich. Andere Ausstellungen habe ich nicht zu machen."

Es mögen an dieser Stelle ferner die eingehenden Arbeiten veröffentlicht werden, welche von R. Seuffert am physiologischen Institut der Tierärztlichen Hochschule in Berlin zwecks Prüfung des Dulcins auf seine Unschädlichkeit durchgeführt wurden:

Versuch mit steigenden Mengen Dulcin,
Versuchsdauer etwa 4 Wochen.

Die allgemeine Versuchsanordnung war folgende:

Dem Versuchstiere wurde täglich das gleiche Futter gereicht (bestehend aus 750 g abgekochtem, gehacktem Pferdefleisch, das mit 100 g gekochtem

---

[1]) Briefliche Mitteilung.
[2]) Briefliche Mitteilung.

Maisschrot zu einem Brei vermengt war). Dazu erhielt das Tier allmählich steigende Mengen Dulcin, das dem Gesamtfutter beigemengt war. Die Tagesportion wurde stets auf einmal gereicht und die Temperatur des Tieres vor und etwa 1 Stunde nach dem Fressen nachgemessen.

Ferner wurde das Gewicht des Tieres regelmäßig notiert.

Selbstverständlich wurde das Allgemeinbefinden des Tieres, bzw. seine Freßlust genau beobachtet. In gewissen Abständen wurde der Harn des Tieres auf Gallenfarbstoff nach Gmelin und Ausscheidung des Dulcins, sowie auf seine Zersetzung bzw. Abbauprodukte (Indophenol-Reaktion nach Hinsberg und Treupel, Fränkel) geprüft.

Die Einzelergebnisse sind aus folgender Tabelle ersichtlich:

Tag	Nahrung	Dulcin g	Temperatur vor dem Fressen	Temperatur nach dem Fressen	Gewicht kg	im Harn Indophenol nach Hinsberg u. Treupel sowie n. Fränkel	im Harn Gallenfarbstoff nach Gmelin	Hämoglobin-Gehalt
Nov. 3.	750 g Fleisch 100 g Mais	0,1	(37,8)	38,5	15,300			
4.	„	0,2	38,1	38,4	15,360			
5.	„	0,25	38,3	38,3	15,480			
6.	„	0,25	37,9	38,2	15,590			
7.	„	0,3	38,1	38,2	16,700			
8.	„	0,3	38,2	38,2				
9.	„	0,5	38,1	38,2	16,300			
10.	„	0,5	37,5	38,0	16,500			
11.	„	0,6	37,5	37,7	16,650			
12.	„	0,75	37,8	38,1	16,650			
13.	„	0,75	37,9	38,4	16,750			
14.	„	1,0	37,8	38,2	16,820	undeutlich	—	
15.	„	1,0	37,6	38,0	—	schwach		
16.	„	1,0	38,4	38,4	16,200			
17.	„	1,0	38,1	38,1	16,550	schwach		70 %
18.	„	1,0	37,9	38,1				
19.	„	1,0	38,0	38,0	16,900			
20.	„	1,0	38,4	38,2	16,700			
21.	„	1,0	38,1	38,2	16,570			
22.	„	1,0	38,1	38,2	16,720			
23.	„	1,5	38,4	38,2	16,780			
24.	„	1,5	38,1	38,1	17,000	positiv	—	
25.	„	1,5	38,5	38,3	16,950	positiv	—	70-80% (75%)
26.	„	1,5	38,0	38,0	16,950			
27.	„	1,5	38,2	38,2	17,400			
28.	„	1,5	38,3	38,3	17,300			
29.	„	1,5	38,1	38,2	17,200			
30.	„	1,5	38,1	38,1	17,800			
1. XII.	„	2,0	38,0	38,2	17,550			
2. XII.	„	2,5	38,1	38,2				
3. XII.	„							75 %
7. XII.	„							

Wenn man das Versuchsergebnis im ganzen betrachtet, so ergibt sich folgendes:

Eine Störung des Allgemeinbefindens des Tieres wurde während der Dauer des Versuchs in keiner Weise beobachtet. Das Körpergewicht nimmt ständig zu. Die Freßlust des Tieres ist immer die gleiche. Mit großem Appetit verzehrt das Tier am Schluße wie zu Beginn des Versuches sein Futter, trotz des süßen Geschmackes.

Ich mache darauf aufmerksam, daß die vor allem am Schluße gegebenen Dosen von 1,5 g — 2,5 g Dulcin schon recht erheblich große Dosen darstellen, die einer Zuckermenge von 300—500 g in bezug auf ihre Süßkraft entsprechen, also Mengen sind, die man einem Menschen in normalen Fällen nicht bietet.

Daß die Indophenol-Probe in einiger Zeit deutlich positiv wird, ist m. E. nicht zu verwundern, da alle Phenetidin-Abkömmlinge nicht restlos im Organismus verbraucht werden.

Eine Veränderung des Hämoglobin-Gehaltes des Blutes konnte ich nicht feststellen, ebenso gelang es mir nicht, Methämoglobin spektroskopisch nachzuweisen.

II. Versuch.

In diesem Versuche sollte festgestellt werden, ob eine große Gabe Dulcin bei kurzdauerndem Versuche eine Beeinflussung des Allgemeinbefindens des Versuchstieres hervorrufe. Zugleich wurde geprüft, ob eine Steigerung der Glycuronsäure-Ausscheidung, wie sie nach der Verfütterung von Phenetidinderivaten beobachtet wurde, festzustellen sei. Die beim ersten Versuche vorgenommene Temperaturmessung erschien mir vielleicht in zu kurzer Zeit nach der Aufnahme des Dulcins erfolgt zu sein. Deshalb wurde diesmal die Aufnahme der Temperatur auf mehrere Stunden nach dem Fressen ausgedehnt. Ebenso wurden Eiweißproben im Harne ausgeführt. Die Einzelergebnisse sind aus nebenstehender Tabelle zu ersehen.

I. Futter und Futteraufnahme. Das Tier bekam täglich 750 g Fleisch und 100 g Maisschrot breiartig verkocht, dem das Dulcin zugesetzt worden war. Das Futter wurde gerne genommen und gut vertragen. Keinerlei Durchfall oder ähnliches.

II. Befinden des Tieres: Vollständig normal. Von Taumeln, unsicheren Bewegungen, Herabsetzung von Gehör-, Geruchs- oder Gesichtssinn wurde nichts beobachtet.

III. Temperatur des Tieres wurde durch das Dulcin in keiner Weise beeinflußt. Die Messungen erfolgten vor der Nahrungsaufnahme und 1, 2 und 3 Stunden nachher.

IV. Harnuntersuchung:

a) Eiweiß im Harn wurde in keinem Falle beobachtet (Esbach'sche und Heller'sche Probe), außer im Harn VI. Das positive Ausfallen der Probe ist hier so zu erklären, daß der Hund aus einer Ohrwunde blutete und der Harn mit Blut verunreinigt war.

Versuch mit relativ großen Dosen Dulcin

Datum	Harn Nr	Futter	Dulcin g	Gew. des Tieres kg	Temperatur vor	Temperatur nach der Fütterung 1 Std.	2 Std.	3 Std.	Polarisation	Glykuron-säurereaktion	Eiweiß	Trommer	Gallenfarbstoff	Indophenol	Vol. des Harns	Bemerkungen
18. 12.		750 g Fleisch 100 g Maisschrot		16,5	38,5											Allgemein. Harn I ist normaler Harn ohne Dulcin (Vorharn), Harn II (erster Dulcinharn usw.), Harn VI (der letzte Dulcinharn usw.). Der erste Nachharn wurde des Weihnachtsfestes wegen nicht aufgehoben, erst wieder der 2. und 3. Nachharn, Harn VII und VIII.
19. 12.	I	„	1	16,5	38,5	38,1	38,3	38,2	0,1°	+	—	—	—	—	770	
20. 12.	II	„	1	16,5	38,2	38,1	1) 38,9	38,3	0,1°	+	—	—	—	(—)	600	Besondere Bemerkungen. 1) Die Steigerung der Temperatur hängt mit der Aufregung des Hundes, verursacht durch die kurz vorher erfolgte Blutentnahme, zusammen.
21. 12.	III	„	2	16,5	38,1	38,2	38,2	38,1	0,2°	+	—	—	—	(+)	670	
22. 12.	IV	„	2	16,7	38,2	38,7	38,4	38,3	0,29°	++	—	—	—	(+)	600	
23. 12.	V	„	2	17,2	37,9	37,9	38,3	—	0,20°	++	—	—	—	+	800	
24. 12.	VI	„							2) 0,35°	+	3) (+)	—	—	(+)	600	2) Die Steigerung der Linksdrehung ist dadurch zu erklären, daß im Harn etwas Blut war, das aus einer Wunde am Ohr des Tieres abtropfte, ebenso ist dadurch das Eiweiß im Harn erklärt und bedingt.
25. 12.		„														
26. 12.	VII	„							0,20°	+	—	—	—	—	470	
27. 12.	VIII	„							0,10°	+	—	—	—	—	450	

b) Die Harne reagieren alle sauer und sind nach der Dulcin-Aufnahme etwas dunkler gefärbt.

c) Alle Harne, auch die Vor- und Nachharne, zeigen ein geringes Lösungsvermögen für $Cu(OH)_2$, geben aber beim Kochen keine Reduktion zu Cu_2O. (Trommer'sche Probe überall negativ.)

d) Alle Harne zeigen eine leichte Linksdrehung. (Polarisiert wurde im 2 dcm Rohr, nachdem 25 ccm Harn mit 5 ccm saurer Bleiacetatlösung geklärt waren.)

Die Menge der drehenden Substanz ergibt — berechnet auf Dextrose, d. h. mit der spez. Drehung der Dextrose — in den einzelnen Harnen:

H. I = 0,875 g, H. II = 0,672 g, H. III = 1,41 g, H. IV = 1,98 g, H. V = 1,82 g, H. VI —, H. VII = 1,37 g, H. VIII = 0,51 g.[1]

e) Die Glycuronsäure-Probe war in allen der Verfütterung folgenden Harnen positiv; aber auch im Vorharn und in den beiden Nachharnen noch deutlich.

f) Die Indophenol-Probe nach Hinsberg und Treupel (Harn mit 1—2 ccm konz. HCl gekocht, nach dem Erkalten 3 ccm gesättigtes Phenolwasser, 2 Tropfen Chromsäurelösung — es tritt Rotfärbung ein, die auf Zusatz von konz. NH_3 blau wird) ist im Harn I negativ, im Harn II undeutlich, im Harn III, IV und VI schwach positiv, im Harn V positiv, im Harn VII und VIII negativ.

g) Blutkörperchenzählung und Hämoglobinbestimmung nach Sahly ergeben konstanten Wert.

h) Interessant war der Befund über Gallenfarbstoffe. Sämtliche Harne nach der Dulcin-Verfütterung ergaben mit konzentrierter Salpetersäure unterschichtet einen grünlich gefärbten Ring, der als positives Ausfallen der Gmelin'schen Probe gedeutet werden könnte. Dagegen versagen andere Proben auf Gallenfarbstoff, so besonders die Jod-Probe nach Trousseau, die Jodsalzschicht-Probe nach Obermayer und Poper, sowie vor allem die Probe nach Hüppert-Salkowski. Bei dieser letzteren wurde folgende Beobachtung gemacht: Ein zur Kontrolle untersuchter Harn eines ikterischen Patienten, der sowohl die Gmelin'sche wie die Huppert'sche Probe deutlich gab, zeigt nach Ausfällen mit Calciumchlorid in alkalischer Lösung die Gmelin'sche Probe nicht mehr, während in dem gleich behandelten Harne des Dulcintieres die Gmelin'sche Probe auch nach Ausfällen mit Calciumchlorid positiv blieb. Es scheint also im Dulcinharn ein Körper zu sein, der mit Salpetersäure eine der Gmelin'schen Gallenfarbstoffprobe sehr ähnliche Reaktion gibt. Es ist meine Absicht, diese Reaktion durch weitere Versuche zu klären, möglichenfalls den Körper zu isolieren.

---

[1] Diese Berechnung wurde nur aus dem Grunde mit der spezif. Drehung der Dextrose ausgeführt, um vergleichbare Zahlenwerte zu erhalten.

III. Versuch.

In einem letzten Versuche sollte noch einmal die Wirkung des Dulcins mit kleinen Dosen, d. h. mit Dosen untersucht werden, wie sie analog für den Menschen in Betracht kommen. Immerhin sind die verabfolgten Gaben (0,1 und 0,2 g pro die an einen Hund von 5—6 kg) noch recht hohe zu nennen; sie entsprechen in ihrer Süßkraft ungefähr 25 und 50 g Zucker.

Die Versuchsnorm war im allgemeinen eine der bei den ersten Versuchen angewandten sehr ähnliche. Der Hund bekam täglich 300 g Fleisch mit 50 g Maisschrot, dem 0,1 später 0,2 g Dulcin beim Kochen zugesetzt waren, doch wurde das Futter in 3 Portionen gereicht.

Von der Temperaturmessung wurde infolge der Ergebnisse der ersten beiden Versuche abgesehen, ebenso von der Reaktion auf Glycuronsäure und der Polarisation der Harne.

Eine Störung des Allgemeinbefindens, Herabsetzung der Freßlust und ähnliches wurde auch in diesem Falle nicht gesehen.

Schließlich möchte ich nicht unerwähnt lassen, daß ich selbst, sowie mehrere meiner Bekannten, Dulcin teils rein, teils in Form von Dulcintabletten mit einem Zusatzstoffe, über den anderweitig berichtet werden soll, in nicht unbedeutenden Mengen genommen haben, ohne irgendeine Benachteiligung unseres Befindens bemerken zu können. Vor allem wurde der Geschmack des Dulcins als viel angenehmer empfunden, wie der des Saccharins. Allerdings sind diese Befunde vielleicht zu subjektiv, um allgemeine Geltung zu haben; ich füge sie nur der Vollständigkeit halber an.

Ich möchte die vorliegenden Versuchsergebnisse nicht als eine erschöpfende Arbeit über die physiologische bzw. pharmakologische Wirkung des Dulcins vor allem in klinischer Beziehung, betrachten. Immerhin glaube ich, für dessen Beurteilung einige weitere Daten beigebracht zu haben.

Nachweis des Dulcins.

Als wichtigste Reaktionen für den Nachweis des Dulcins kommen in Betracht:

Nach Berlinerblau.

Versetzt man ca. 0,05 g Dulcin mit 2—3 Tropfen reiner Karbolsäure und ebensoviel konz. Schwefelsäure und erhitzt kurze Zeit zum Sieden, so entsteht ein rötlicher Sirup. Nach dem Erkalten löst man in 10 ccm Wasser und überschichtet dann entweder mit Natronlauge oder mit Ammoniak. An der Grenze der Schichten entsteht alsbald ein blauer Ring; die intensiv blaue Färbung teilt sich allmählich der ganzen Natronlaugen- oder Ammoniakschicht mit. Bei Anwendung von Natronlauge spielt die Farbe etwas ins violette; bei Anwendung von Ammoniak ist sie rein azurblau.

Diese Reaktion tritt, wie auch Thoms[1]) schon früher beobachtete, mit Dulcin, Phenacetin, Phenocoll und Di-p-Phenetolcarbamid ein (bei Di-p-

---

[1]) Chem.-Ztg. 81. 1487. (1893).

Phenetolcarbamid allerdings wegen der geringen Löslichkeit nur mit schwacher Blaufärbung); es ist diese Reaktion deshalb nicht charakteristisch für Dulcin allein, sondern sie ist vermutlich allen Phenetidinderivaten eigen.

Nach Neumann-Wender[1]).

Versetzt man eine Spur Dulcin in einem Porzellanschälchen mit einigen Tropfen rauchender Salpetersäure, so tritt unter stürmischer Reaktion die Bildung eines schön orangegelben Körpers ein; beim Eindampfen bis zur Trockne verbleibt im Schälchen ein lederartiger, orangegelb gefärbter Rückstand, welcher mit ebensolcher Farbe von Äther, Alkohol, Chloroform gelöst wird. Versetzt man diesen Rückstand mit zwei Tropfen einer etwa 90%igen Phenollösung, sowie mit 2 Tropfen konz. Schwefelsäure und mischt mit dem Glasstabe, so färbt sich das Gemisch intensiv blutrot. Die Farbe hält sich längere Zeit an der Luft ohne zu verblassen. In Chloroform löst sich diese Mischung mit roter Farbe, doch verschwindet diese Färbung ziemlich rasch.

Auch diese Reaktion hat Dulcin mit Di-p-Phenetolcarbamid, Phenacetin und Phenocoll gemeinsam.

Ruggero[2]) gibt folgende Methode zum Nachweis von Dulcin an:

Wird Dulcin mit Silbernitrat oder Quecksilberchloridlösung auf dem Wasserbade eingedampft, so tritt violette Färbung ein, welche bei 160° C noch intensiver wird. Behandelt man das Reaktionsprodukt warm mit Alkohol, so färbt sich dieses intensiv weinrot.

Zum Nachweis des Dulcins in Getränken empfiehlt Jorissen[3]) folgendes Verfahren:

Zunächst stellt man eine Lösung von Mercurinitrat her, die frei von einem Überschuß an Salpetersäure ist. Dann suspendiert man das durch Ausschütteln mit Äther gewonnene Dulcin in 5 ccm destilliertem Wasser, bringt die Mischung in ein Reagenzglas und fügt 2—4 Tropfen der Mercurinitratlösung zu. Man taucht das Gläschen in siedendes Wasser und erhitzt 5—10 Minuten lang. Bei Anwesenheit von Dulcin bemerkt man das Auftreten einer schwach violetten Färbung. Läßt man nun in die Flüssigkeit eine kleine Menge Bleisuperoxyd fallen, so erhält man augenblicklich eine prachtvolle violette Farbe. Bei Anwendung von 0,001 g Dulcin tritt die Reaktion noch deutlich ein.

Diese Reaktion ist charakteristisch, da weder Phenacetin, noch Phenocoll, noch Di-p-Phenetolcarbamid sie geben.

Zum gleichen Zwecke empfiehlt G. Morpurgo[4]) folgendes Verfahren:

Um die Anwesenheit des Dulcins in Weinen und anderen Getränken zu erkennen, wird die zu untersuchende Flüssigkeit, nach Zufügung von $^1/_{20}$ ihres Gewichtes Bleicarbonat, bis zu einem dicken Brei im Wasserbade verdampft und der Rückstand mehrmals mit absolutem Alkohol behandelt. Die alkoholischen

---

[1]) Pharm. Post 269. (1893).
[2]) Annali del lab. chim. centr. delle gabelle Roma, 138, (1897).
[3]) Journ. d. Pharm. de Liège Nr. 2 (1896).
[4]) Chem.-Ztg. Nr. 9, Rep. (1893).

Flüssigkeiten werden sodann zur Trockne verdampft, und der Rückstand wird mit Äther extrahiert. Das nach Verdampfung des filtrierten Äthers erhaltene fast reine Dulcin wird erkannt aus seinen physikalischen Eigenschaften und seinem süßen Geschmacke, und weiter, indem man es mit zwei Tropfen Phenol und zwei Tropfen konz. Schwefelsäure kurze Zeit erwärmt, der bräunlichroten sirupartigen Flüssigkeit einige ccm Wasser zufügt und auf die in einem Reagenzglase enthaltene erkaltete Mischung vorsichtig ein wenig Ammoniak oder Natriumhydratlösung fließen läßt. Das Erscheinen einer blauen oder veilchenblauen Zone an der Berührungsfläche der beiden Flüssigkeiten beweist die Anwesenheit des Dulcins.

Zum Nachweis von Dulcin in Nahrungsmitteln wird die Lösung der betreffenden Substanz nach Bellier[1]) alkalisch gemacht und 200 ccm davon mit 50 ccm Essigäther ausgeschüttelt. Der Essigäther wird abdestilliert und die letzten Spuren abgeblasen. Dem Rückstande werden 1—2 ccm konzentrierter Schwefelsäure und einige Tropfen Formalinlösung, sowie nach $^1/_4$ Stunde 5 ccm Wasser zugesetzt. Beim Vorhandensein von Dulcin tritt je nach der Menge ein mehr oder wenig starker Niederschlag ein. 1 mg Dulcin gibt noch eine deutliche Trübung. Zur Identifizierung wird der Rückstand des Essigäther-Auszuges in 2—3 ccm kochenden Wassers gelöst, 4—5 Tropfen Mercurinitratlösung hinzugefügt, 5 Minuten im kochenden Wasserbade erhitzt und dann etwas Bleiperoxyd zugesetzt. Noch bei 1 mg Dulcin tritt eine Violettfärbung ein. Fruchtsirupe und Konfitüren müssen vor dem Alkalischmachen mit Bleiessig und Natriumsulfat behandelt werden. Wein wird vor dem Ausschütteln mit 2 g Mercuriacetat, Bier mit 2—3 g gepulvertem Natriumwolframat und 10—20 Tropfen Schwefelsäure versetzt, filtriert und dann Ammoniak im Überschuß zugefügt. Bei Wein und Bier sind auch die Ausschüttelungsprodukte nicht rein, sondern müssen wiederholt mit heißem Wasser aufgenommen werden. Zur quantitativen Bestimmung des Dulcins in alkoholhaltigen Flüssigkeiten muß der Alkohol vor dem Ausschütteln abdestilliert und der Rückstand zweimal mit Essigäther ausgeschüttelt werden. Der aus Dulcin und Formalin entstehende Niederschlag wird nach 24 Stunden abfiltriert, das Gewicht des getrockneten Niederschlages entspricht dem vorhandenen Dulcin.

Eine Trennung von Dulcin und Saccharin gründen Tortelli und Piazza[2]) auf folgende Beobachtungen:

Wenn man dulcinhaltige Flüssigkeiten ansäuert, zieht der reine Aethyläther das ganze Dulcin sehr gut aus. Desgleichen eine Mischung aus Aethyläther und Benzol; dagegen läßt es sich durch eine Mischung von Aethyl- und Petroläther nur sehr schwierig, durch Petroläther allein überhaupt nicht ausziehen, während Saccharin in Petroläther leicht löslich ist.

Um Dulcin, Saccharin und Salizylsäure nebeneinander nachzuweisen, werden nach Camilla und Pertusi[3]) 50 bis 100 ccm Flüssigkeit oder

---

[1]) Chem.-Ztg. Rep. 331 (1900)
[2]) Ztschr. f. Unters. d. Nahr.- u. Genußm., 20, 8, 489. (1910).
[3]) Giorn. Farm. Chim. 60. 385.

5 bis 10 g trockner Masse mit etwas Wasser angerührt, mit 3 bis 5 g Magnesiumoxyd gemischt und zur Trockne verdampft. Der bei 100° nachgetrocknete Rückstand wird mehrmals mit Aceton, das 10 v. H. Wasser enthält, in der Kälte ausgezogen. Die vereinigten Lösungen dampft man auf dem Wasserbade ein und schüttelt die hinterbleibende wässrige Lösung mit Äther aus, in den das Dulcin geht. Dann säuert man mit 5 ccm Schwefelsäure (1:3) an und schüttelt mit einer Äther-Benzolmischung das Saccharin aus. Vermutet man die Anwesenheit von Salizylsäure, so wird nach dem Verdampfen der Äther-Benzollösung in 1/100 Normal-Schwefelsäure gelöst, die Lösung mit Kaliumpermanganatlösung bis zur Rotfärbung versetzt und im Filtrate das Saccharin mit Äther-Benzol ausgeschüttelt. Ölige Flüssigkeiten werden zuerst mit wasserhaltigem Aceton ausgeschüttelt, worauf nach dem Verdampfen des Acetons der hinterbleibende wässerige Auszug wie oben behandelt wird.

Im Anschluß an diese Methoden des Dulcin-Nachweises soll hier noch eine Untersuchungsvorschrift für Dulcin angeführt werden, wie sie für die Reinheitsprüfung im Laboratorium empfohlen werden kann.

Dulcin.
Paraphenetolcarbamid.

$$C_6H_4 \genfrac{<}{}{0pt}{}{O \cdot C_2H_5}{NH \cdot CO \cdot NH_2} \quad (1,4) \text{ Mol. Gewicht } 312,13.$$

Farblose, glänzende, kleine Kristalle. Die Lösungen in Wasser oder Weingeist verändern Lackmuspapier nicht.

Schmelzpunkt: 170—173°.

Wird Dulcin im Reagenzglas über den Schmelzpunkt erhitzt, so zersetzt es sich unter Bildung eines weißen Sublimates und Entwicklung von Ammoniak. Schüttelt man 0,1 g Dulcin mit 1 ccm Salpetersäure, so färbt sich die Mischung nach kurzer Zeit gelb, und unter Aufschäumen orange. Werden 0,02 g Dulcin mit je 4 Tropfen verflüssigter Karbolsäure und Schwefelsäure 2 Minuten lang zum Sieden erhitzt, nach dem Abkühlen in 10 ccm Wasser gelöst und mit Ammoniakflüssigkeit überschichtet, so entsteht eine blauviolette Zone.

0,1 g Dulcin werden in 3 ccm Weingeist gelöst und mit 3 ccm Wasser versetzt; erhitzt man hierauf mit einigen Tropfen $1/10$ n Jodlösung, so darf keine Rotfärbung eintreten (Paraphenetidin). Die Lösung von 0.2 g Dulcin in 5 ccm Weingeist darf von Schwefelwasserstoffwasser, auch nach Zusatz von Ammoniakflüssigkeit, nicht verändert werden.

0,2 g Dulcin werden mit 10 ccm Wasser zum Sieden erhitzt, dann abgekühlt und filtriert; die Flüssigkeit reagiere neutral (Alkalien, Säuren) und gebe nach Zusatz einiger Tropfen Salpetersäure mit Silbernitratlösung höchstens schwache Opaleszenz.

In einem Kolben werden 0,5 g Dulcin in 200 ccm kochendes Wasser eingetragen und umgeschüttelt; es soll eine vollkommen klare Lösung entstehen (Di-p-phenetolcarbamid). 0,5 g Dulcin sollen sich in 5 ccm Weingeist beim Erwärmen völlig klar und farblos lösen. 0,2 g Dulcin dürfen sich beim Schütteln mit 2 ccm Schwefelsäure mit höchstens schwach gelblicher Färbung lösen (organische Verunreinigungen).

Dulcin darf beim Verbrennen höchstens 0,1 % Rückstand hinterlassen.

Anwendung des Dulcins.

Der wesentliche Vorzug des Dulcins liegt darin, daß es

1. kochbeständig ist,
2. den normalen Zuckergeschmack erzeugt,
3. den Speisen die dem Zucker eigentümliche Vollmundigkeit verleiht.

Die Schwierigkeiten, die vielleicht bei der ersten Anwendung des Dulcins infolge seiner Schwerlöslichkeit auftraten, sind nach wiederholtem Gebrauche, wenn man sich an die richtige Handhabung gewöhnt hat, rasch überwunden. Man muß hierbei im wesentlichen zwei Punkte genau beachten:

1. daß das Dulcin unter Umrühren oder Umschütteln heiß gelöst wird und zwar in einer Menge Flüssigkeit, die mindestens das 100—200 fache der aufzulösenden Dulcin-Menge beträgt,
2. daß die fertige gesüßte Flüssigkeit bei Zimmertemperatur im Liter nicht wesentlich mehr als etwa 1—1,2 g Dulcin enthält.

Sollen größere Mengen Flüssigkeit gesüßt werden, deren Erwärmen zu schwierig und kostspielig wäre, so löst man das Dulcin heiß in der obengenannten Menge Flüssigkeit und gießt die heiße Lösung unter Umrühren in den übrigen Teil der kalten Flüssigkeit ein.

Bemerkenswert ist ferner, daß sich die Löslichkeitsverhältnisse des Dulcins wesentlich günstiger gestalten, wenn die zu süßenden Flüssigkeiten Säuren oder Weingeist oder andere organische Lösungsmittel enthalten. So lassen sich z. B. mit Hilfe von Ameisensäure, Essigsäure, Weinsäure, Milchsäure, Zitronensäure usw. sehr konzentrierte Dulcinlösungen erhalten[1]), aus welchen beim Verdünnen das Dulcin nicht ausfällt, wenn man die Lösung langsam und unter Rühren in die betr. Flüssigkeit einlaufen läßt. Dieser Umstand ist besonders wichtig für die Verwendung des Dulcins bei der Fabrikation von Kunstlimonadensirupen.

In erster Linie hat sich das Dulcin vorzüglich eingeführt in der Brauerei-Industrie (obergärige Biere, Karamelbiere usw.), in der Limonaden- und Essenzen-Industrie, in der Speiseessig-Fabrikation usw. Es eignet sich ferner im besonderen Maße zur Bereitung von Mus, wie Apfel- und Pflaumenmus, sowie zum Einkochen von Früchten (Obstdauerwaren), zur Herstellung von Puddings, Backen von Kuchen, Keks usw.

Ebenso kann Dulcin als Versüßungsmittel für Kakao, Tee, Kaffee usw. dienen. Man verfährt beim Gebrauche am besten in der Weise, daß man das Dulcin in der betreffenden heißen Flüssigkeit löst, also z. B. gesüßten Kaffee in der Art bereitet, daß man den gemahlenen Kaffee mit der erforderlichen Dulcin-Menge vermischt und sodann mit kochendem Wasser aufbrüht.

Die Süßung von Limonaden mit Dulcin geschieht zweckmäßig nach einem der folgenden Verfahren, die von W. Lohmann[2]) vorgeschlagen wurden:

a) Der Limonadengrundstoff wird mit gesüßtem Wasser verdünnt.

Das Dulcin wird unter Umrühren in der 300 fachen Menge heißen Wassers gelöst, und die so erhaltene Lösung wird zu 700 Teilen kalten Wassers unter Umrühren hinzugegossen. Nach dem Abkühlen wird die entsprechende Menge Grundstoff zugesetzt. Der so erhaltene Sirup wird sodann

---
[1]) Vergleiche S. 12.
[2]) Vorsitzender des Reichsverbandes Deutscher Mineralwasserfabrikanten.

in üblicher Weise in die Flaschen gegossen, und die Flaschen mit kohlensaurem Wasser gefüllt.

Beispiel: 12 g Dulcin werden in etwa 3 Liter heißem Wasser unter starkem Umrühren vollständig gelöst und sodann unter weiterem Umrühren in 7 Liter kaltes Wassers gegossen. Dieser Lösung werden 0,25 kg Limonadengrundstoff (Extrakt) von der handelsüblichen Ergiebigkeit (5 : 100) hinzugesetzt. In die 1-Literflasche werden 200 ccm, oder in die $^1/_2$-Literflasche werden 100 ccm, oder in die $^4/_{10}$-Literflasche werden 80 ccm des Gemisches abgemessen, und sodann wird in der bisher üblichen Weise mit kohlensaurem Wasser aufgefüllt.

b) Das Wasser im Steingutbehälter wird gesüßt.

Anstelle der bisher mit Zucker oder Saccharin gesüßten Limonadensirupe werden bei der Verwendung von Dulcin Limonadengrundstoffe, die noch keinen Zusatz von Süßstoffen erhalten haben, also ungesüßte, verarbeitet. Der ungesüßte Limonadengrundstoff gelangt in der gleichen Weise, wie bisher, mittels der Saftpumpe oder mit Hilfe eines Meßgefäßes in die Flaschen. Sodann wird die Auffüllung der Flaschen nicht mit gewöhnlichem kohlensäurehaltigen Wasser vorgenommen, sondern mit Wasser, das bereits vor der Imprägnierung mit Kohlensäure im Vorratsgefäß (Steingutbehälter) den erforderlichen Zusatz von Dulcin erhalten hat.

Die Süßung des Wassers im Vorratsgefäße erfolgt in der Weise, daß man aus dem Vorratsbehälter, dessen Inhalt bekannt ist, eine bestimmte Menge Wasser (auf je 1 g Dulcin reichlich $^1/_4$ Liter Wasser) herausnimmt und bis nahe zum Sieden erhitzt. Sodann wird darin die erforderliche Dulcin-Menge unter starkem Umrühren vollständig gelöst. Diese Lösung wird hierauf der im Behälter noch befindlichen Menge kalten Wassers langsam unter Umrühren zugefügt.

Beispiel: Der Steingutbehälter faßt etwa 100 Liter Wasser. Um der Limonade die richtige Süße zu verleihen, müssen in den 100 Liter Wasser etwa 24 g Dulcin gelöst werden. Es werden demnach zunächst aus dem 100 Liter Wasser enthaltenden Behälter etwa 6 Liter Wasser herausgenommen und bis nahe zum Sieden erhitzt. Sodann wird die abgewogene Dulcin-Menge zugefügt und unter starkem Umrühren vollständig gelöst. Diese warme Lösung wird hierauf nach und nach unter Umrühren in den Steingutbehälter zurückgegossen und alsdann in der üblichen Weise weitergearbeitet.

Vorschriften zur Selbstherstellung konzentrierter Kunstlimonaden (früher Sirupe genannt).

Nach W. Scholvien[1]).

1. Süßstofflösungen.

A. Aus Dulcin. 120 g Dulcin werden in 30 Liter Wasser unter starkem Umrühren durch Kochen gelöst und alsdann weitere 66,5 Liter Wasser zugegeben

---

[1]) Chem.-pharm. und Essenzenfabrik G. m. b. H., Berlin.

(die heiße Lösung darf nicht ohne Umrühren in das kalte Wasser geschüttet werden, da durch die plötzliche Abkühlung eine Ausscheidung von Dulcin erfolgen würde). Süßstofflösung nur aus Dulcin braucht nicht konserviert zu werden, dagegen empfiehlt es sich, die konzentrierte Kunstlimonade, wie nachstehend unter 2) angegeben, haltbar zu machen.

Zu erwähnen ist noch, daß es zwecklos ist, mehr als 120 g Dulcin in 100 Liter Wasser zu lösen, da sich die überschüssige Dulcin-Menge über kurz oder lang wieder ausscheidet und daher ihren Zweck verfehlt.

B. Aus Dulcin und Saccharin. 95 kg oder Liter Wasser, 114 g Dulcin und 36 g Saccharin 450 fach.

Die 114 g Dulcin werden in ca. 30 Liter Wasser durch Kochen gelöst und alsdann soviel kaltes Wasser unter Umrühren nach und nach zugegeben, daß 95 kg Lösung vorhanden sind. Die 36 g Saccharin werden vorher in etwas kaltem Wasser gelöst und zugegossen.

Diese Süßstofflösung entspricht in der Süßkraft der früher üblichen Zuckerlösung, also 40 kg Wasser und 60 kg Zucker.

Sie ist nur kurze Zeit haltbar und muß also, falls sie längere Zeit aufbewahrt werden soll, haltbar gemacht werden. Am besten eignet sich hierzu Ameisensäure und zwar 500 g 50%ige Ware auf 95 kg Süßstofflösung.

2. Selbstbereitung der konzentrierten Kunstlimonaden (Limonadensirupe) aus den Süßstofflösungen.

Schaumzusatz. Nach den bestehenden Vereinbarungen sollen in 1 Liter Fertiggetränk (also der Brauselimonade) nicht mehr als 30 mg Saponin enthalten sein. Von einer 5%igen Schaumessenz dürften daher nicht mehr als 420 g auf 100 kg konzentrierte Kunstlimonade bzw. 42 g auf 10 kg Sirup genommen werden.

Auflösung der Pulverfarben. 100 g einfache oder 50 g doppeltstarke Pulverfarbe werden in 1 kg kalk- und eisenfreiem Wasser (destilliertes oder Regenwasser) in emailliertem oder irdenen Gefäße unter Umrühren mit einem Holz durch Kochen gelöst. Die Lösung läßt man absetzen und filtriert durch Papier oder dichtes Tuch. Soll die Farbe längere Zeit aufbewahrt werden, so ist zur Haltbarmachung auf 10 kg ein Zusatz von 50 g Ameisensäure, 50%ig, erforderlich.

Säurelösung. Die in den Vorschriften angegebene Säurelösung ist 50%ig, also 5 kg Weinstein- oder Zitronensäure und 5 kg Wasser. An Stelle dieser Säurelösung wird jetzt allgemein Milchsäure, 50%ig, genommen. Steht stärkere Milchsäure zur Verfügung, so ist sie entweder auf 50% einzustellen oder man nimmt entsprechend weniger.

Auch die konzentrierte Kunstlimonade ist nur beschränkt haltbar. Für einen Zeitraum von 5—8 Tagen braucht sie nicht konserviert zu werden, falls die Aufbewahrungsgefäße vor der Neubefüllung jedesmal gut gereinigt werden. War die Süßstofflösung als solche, wie oben beschrieben, konserviert, so darf nochmaliger Zusatz von Konservierungsmitteln nicht stattfinden. Treffen diese Voraussetzungen nicht zu, so muß der Limonadensirup auf je 100 kg konserviert werden mit:

    entweder 1. 500 g Ameisensäure 50 %,

        oder 2. 2 Tabletten Benznatron à 30 g, zu lösen in etwas heißem Wasser,

        oder 3. 50 g Benzoesäure, die erst mit 35 g doppeltkohlensaurem Natron innig vermischt und alsdann in einem halben Liter heißem Wasser aufgelöst werden.

Art	Zu 14,5 kg Dulcinlösung nach 1. oder 9,5 kg Süßstofflösung nach 2. werden genommen:			
	Essenz		Säurelösung 50 % oder Milchsäure 50 %	Farben, flüssige
	einfache	oder höchstkonzentrierte		
	Gramm		Gramm	
Apfel	200	100	250	80 g Apfelfarbe
Apfelsinen	150	75	175	60 g Apfelsinenfarbe
Aprikosen	150	—	140	40 g Apfelfarbe
Champagner-Weiße, Berliner	150—200	—	175	60 g Champagner-Weißefarbe
Champagner-Weiße, Stettiner	150	—	250	60 g Champagner-Weißefarbe
Erdbeer	200	100	80	90 g Erdbeerfarbe
Goldperle (Wortschutz)	200	100	200	60 g Goldperlefarbe
Grenadine	200	100	150	60 g Erdbeerfarbe
Himbeer	250	100	150	100—120 g Himbeerfarbe
Johannisbeer	250	125	200	100 g Himbeerfarbe, hell
Kirsch	250	125	100	80 g Kirschfarbe
Kristallzitronensprudel	200	100	250	Farblos
Kühle Blonde	150	—	200	60 g Kühle Blondefarbe
Limetta	200	100	200	60 g Limettafarbe
Messina Edelbrause	150—200	—	200	60 g Apfelsinenfarbe
Ostseesprudel	175	—	200	60 g Zitronenfarbe
Pfirsich	100	—	120	40 g Apfelfarbe
Pilsener Edelbrause	200	100	200	60 g Zitronenfarbe
Schokolade	—	100—120	50	100 g Schokoladenfarbe
Waldmeisteraroma	120	75	150	80 g grüne Farbe
Zitrone	150—200	75	200	25—60 g Zitronenfarbe

Von den nach den vorstehenden Vorschriften selbst hergestellten Kunstlimonaden kommen 70—75 g, wenn mit Dulcin allein gesüßt, oder 50 g, wenn mit Dulcin und Saccharin gesüßt, auf eine Flasche von $1/_3$ Liter.

Die Süßung von obergärigem Bier mit Dulcin kann in nachstehender Weise geschehen:

Das Dulcin wird in der entsprechenden Menge heißer Würze, die kurz vor dem Ausschlagen der Pfanne entnommen wird, aufgelöst, und diese Lösung hinter dem Hopfenseiher auf das Kühlschiff der übrigen Würze hinzugesetzt. Es kann auch das Dulcin unmittelbar der kochenden Würze kurz vor dem Ausschlagen in der Pfanne zugesetzt werden.

Beispiel: Es sollen 30 hl obergäriges Bier gesüßt werden. Wurden hierzu früher auf den Hektoliter 8 Pfund Zucker verwendet, so brauchte man für die Gesamtmenge 240 Pfund Zucker. Da 1 g Dulcin etwa $^1/_2$ Pfund Zucker ersetzt, so nimmt man 480 g Dulcin, die wie oben angegeben verwendet werden.

In entsprechender Weise verfährt man auch bei der Herstellung von Bierersatz-Getränken.

Seit der Wiedereinführung des Dulcins im Jahre 1917 sind ganz bedeutende Mengen dieses Süßstoffes hergestellt und verbraucht worden. Insbesondere betrug im Jahre 1918 die von der J. D. Riedel Aktiengesellschaft hergestellte Menge Dulcin die Hälfte der Gesamtsüßstoff-Erzeugung in Deutschland.

Dulcin wird in folgenden Packungen in den Handel gebracht:

Packung Nr. 1   50 g   Packung Nr. 4   400 g
"   "   2   100 "   "   "   5   800 "
"   "   3   200 "

Der Preis für 1 kg Dulcin, der sich, wie auch der des Saccharins, bekanntlich nach dem jeweiligen Zuckerpreis richtet, betrug im Jahre 1917 M. 110,—. Gegenwärtig (April 1921) ist er von der Reichszuckerstelle auf M. 300,— festgesetzt.

Das Dulcin wird, ebenso wie das Saccharin, von der Reichszuckerstelle bewirtschaftet. Der sich aus dem Verkauf ergebende Gewinn abzüglich eines geringen Anteils für den Hersteller fließt in die Reichskasse.

Autorenverzeichnis

Autor	Seite
Aldehoff	31
Arnold	16—20, 23
Baeyer	7
Bauer	9, 11
Bechert	12
Bellier	12, 41
Berlinerblau	5, 6, 9, 10, 30, 39
Boedecker	9, 10
Camilla	41
Cohn	11
Dennhardt	12
Du Bois-Reymond	25
Ewald	26
Fleischer	6
Fränkel	9, 32, 35
Gürber	16, 34
Hager	11, 30
Heller	9, 11
Herzfeld	23
Hinsberg	32, 33, 35, 38
Howard	11
Jorissen	40
Kast	33
Kobert	30, 32, 34
Kobler	33
Kossel	25
Lewin	32
Lohmann	43
Mering	31
Morpurgo	40
Mueller	33
Munk	31
Nagel	15
Neumann-Wender	12, 30, 40
Paschkis	26—30
Paul	14, 20—23
Pauli	15
Pertusi	41
Piazza	41
Riedel	6—9, 14
Rosenbusch	9, 10
Rost	33
Ruggero	40
Sabbath	7, 9, 23
Scholvien	44
Schreiber	32
Schulte	32
Seuffert	18, 34—39
Sommer	12
Spiegel	7, 9, 23
Stahl	24, 25
Sterling	31
Sternberg	9
Thoms	6—9, 11, 13, 39
Tortelli	41
Treupel	32, 35, 38
Uffelmann	31
Zuntz	14

MIX
Papier aus verantwortungsvollen Quellen
Paper from responsible sources
FSC® C105338

If you have any concerns about our products,
you can contact us on
ProductSafety@springernature.com

In case Publisher is established outside the EU,
the EU authorized representative is:
**Springer Nature Customer Service Center GmbH
Europaplatz 3, 69115 Heidelberg, Germany**

Printed by Libri Plureos GmbH
in Hamburg, Germany